室内设计创新思维与表达

/ Innovation Thinking and Expression of Indoor Design

编 著 任文东 杨 静

辽宁美术出版社

Liaoning Fine Arts Publishing House

序 >>

「 当我们把美术院校所进行的美术教育当作当代文化景观的一部分时，就不难发现，美术教育如果也能呈现或继续保持良性发展的话，则非要“约束”和“开放”并行不可。所谓约束，指的是从经典出发再造经典，而不是一味地兼收并蓄；开放，则意味着学习研究所必须具备的眼界和姿态。这看似矛盾的两面，其实一起推动着我们的美术教育向着良性和深入演化发展。这里，我们所说的美术教育其实有两个方面的含义：其一，技能的承袭和创造，这可以说是我国现有的教育体制和教学内容的主要部分；其二，则是建立在美学意义上对所谓艺术人生的把握和度量，在学习艺术的规律性技能的同时获得思维的解放，在思维解放的同时求得空前的创造力。由于众所周知的原因，我们的教育往往以前者为主，这并没有错，只是我们需要做的一方面是将技能性课程进行系统化、当代化的转换；另一方面，需要将艺术思维、设计理念等这些由“虚”而“实”体现艺术教育的精髓的东西，融入我们的日常教学和艺术体验之中。

在本套丛书出版以前，出于对美术教育和学生负责的考虑，我们做了一些调查，从中发现，那些内容简单、资料匮乏的图书与少量新颖但专业却难成系统的图书共同占据了学生的阅读视野。而且有意思的是，同一个教师在同一个专业所上的同一门课中，所选用的教材也是五花八门、良莠不齐，由于教师的教学意图难以通过书面教材得以彻底贯彻，因而直接影响教学质量。

在中国共产党第二十次全国代表大会上，习近平总书记在大会报告中指出：“教育、科技、人才是全面建设社会主义现代化国家的基础性、战略性支撑……全面贯彻党的教育方针，落实立德树人根本任务，培养德智体美劳全面发展的社会主义建设者和接班人。坚持以人民为中心发展教育，加快建设高质量教育体系，发展素质教育，促进教育公平。”党的二十大更加突出了科教兴国在社会主义现代化建设全局中的重要地位，强调了“坚持教育优先发展”的发展战略。正是在国家对教育空前重视的背景下，在当前优质美术专业教材匮乏的情况下，我们以党的二十大对教育的新战略、新要求为指导，在坚持遵循中国传统基础教育与内涵和训练好扎实绘画（当然也包括设计、摄影）基本功的同时，借鉴国内外先进、科学并且灵活的教学方法、教学理念以及对专业学科深入而精微的研究态度，努力构建高质量美术教育体系，辽宁美术出版社会同全国各院校组织专家学者和富有教学经验的精英教师联合编撰出版了美术专业配套教材。教材是无度当中的“度”，也是各位专家多年艺术实践和教学经验所凝聚而成的“闪光点”，从这个“点”出发，相信受益者可以到达他们想要抵达的地方。规范性、专业性、前瞻性的教材能起到指路的作用，能使使用者不浪费精力，直取所需要的艺术核心。从这个意义上说，这套教材在国内还具有填补空白的意义。 」

目录 contents

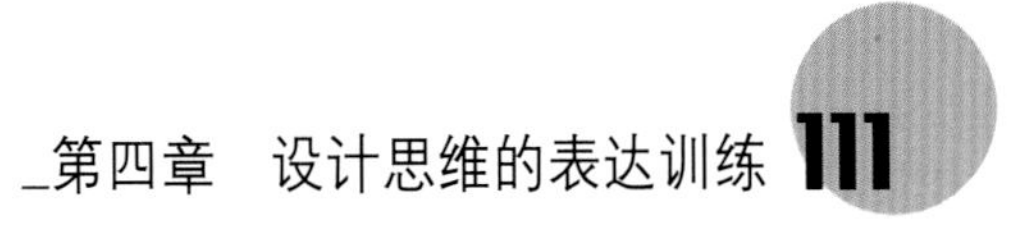

第一章　设计思维的概念与定位论述

本章重点》

1.强调设计是一个发现问题、分析问题、解决问题的过程。

2.了解设计师应具备的能力。

学习目标》

了解设计师应具备的能力，掌握科学良好的学习方法，在校学习期间注意锻炼和培养这些能力，其中想象和创造能力应当首先被解放和加强。

建议学时》

12学时。

第一章　设计思维的概念与定位论述

第一节/////设计是什么

“设计”被认为是有关人类自身生存发展的“本体论”“认识论”和“方法论”。

以下是世界上一些著名设计师对“设计是什么”的看法。

1.设计就是创新。

如果缺少发明，设计就失去价值；如果缺少创造，产品就失去生命。

设计是追求新的可能。

——武藏野（日本）

2.设计就是文化。

纷乱与混沌掩盖着秩序，彷徨与矛盾孕育着机会，忧虑与理想蕴藏着哲学，思想与探索需要观念的更新和方法机制的科学。伊甸的宁静被破坏了，南天门中闯入了孙悟空，然而追求实现理想的工业设计师们应投身到这个大潮中，在这个不可回避的“存在”之中既要思考，也要实践，这样才是我们的职责所在。

——柳冠中（中国工业设计协会副理事长）

3.设计就是经济效益。

面临世界贸易全球化发展，如果缺少设计在产品领域中的必要作用，中国的经济损失是不可估量的。

——林衍堂（香港理工大学设计系副主任）

4.设计就是协同。

作为设计师本身，更重要的是具备自身的素质和知识结构及群体设计意识，也就是用立体知识结构与相邻科学协同设计研究的意识。

——俞军海（蜻蜓设计公司总经理）

设计是满足人类物质需求和心理欲望的富于想象力的开发活动。设计不是个人的表现，设计师的任务不是保持现状，而是设法改变它。

——亚瑟·普洛斯（ICSID前主席）

在本书的学习及训练中，我们更多的是把“设计”当作一个过程来理解。

设计不只是“功能＋形式”，或是已有知识、经验的重复再现，设计更是思考能力、思考技能的体现，从而切实提高自身的设计能力。我们主要研究设计过程和使用者行为等领域，关注设计过程、设计问题、解决方法和设计思考等内容。

虽然很难给设计下一个精确定义，但却可以在理论推导、实验室实验、实例分析的理性基础上，找到它的一些基本特征及运作规律。在这里，我们强调设计是一个发现问题、分析问题和解决问题的过程，设计形式是该过程的结果之一，它并不外在于该过程独立存在。

我们所有人都能够进行设计，通过学习我们能更好地进行设计。

设计是形式和内容的冲突，都必须包含精确与模糊两种不同思路，都需要把富于想象力的思考与准确的计算融为一体。

设计需要发现和解决问题。

经常有人提出，设计不仅需要解决问题，同样也要善于发现问题，发现问题与解决问题总是纠缠在一起。在设计中发现和解决问题，两者必须相辅相成。显然，不关注如何发现问题，而只是一味地学习解决办法是没有用处的，反之亦然，一个人越是想把设计中的问题孤立地拿出来研究，就越会觉察到离不开解决方法的帮助。在设计中，发现问题本身往往会提出某些解决方法的特征，而解决一些问题则又会引出另一些新的问题。

例：

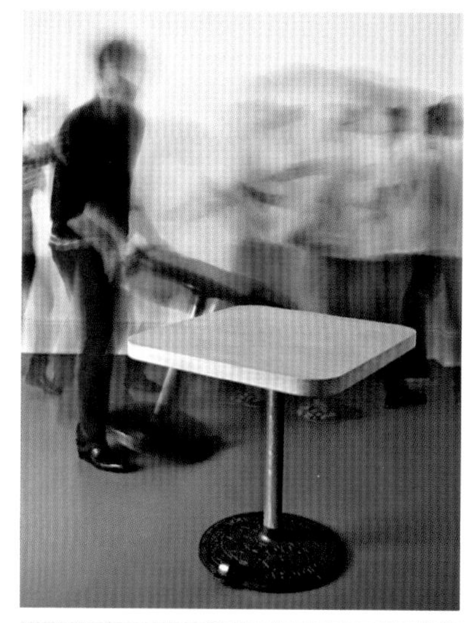

英国设计师汤姆·迪克森（Tom Dixon）为标准的咖啡桌又增加了一个小轮，使员工很容易按需求推动它在户内和户外间走动。设计师发现在晴好的天气人们更喜欢在咖啡店的户外享受阳光，可对于咖啡店的员工来说，白天搬运咖啡桌到户外，晚上收回咖啡桌是件费力的事情。于是，在发现问题的基础上，设计师创造性地审视问题，用我们熟知的滚轮力学原理解决问题，一个创新的设计就诞生了。设计师将它呈现在米兰设计展上。汤姆·迪克森说自己的设计灵感来源很简单，生活周围的事物都可以成为他创作的灵感，这需要在生活中细心地发现问题。

设计教育是为了培养另一种能力和智慧——从观念、思维方法、知识和评价体系等各个方面来整合科学和艺术。当设计的目标系统确立时，就该从科学和艺术的角度出发，实事求是地选择、组织、整合各种可能的方法和手段。设计是人类的第三种智慧系统，它的子系统包含科学和艺术这两个要素。设计是人类为主动适应生存环境等外部系统而进化形成的一个“新知识结构系统”，是人类在重组生存结构过程中智慧性的“创造”。

人类区别于其他生物的最重要的特点是人类能够改造自然，创造“人为事物”。然而，人类社会物质文明的每一次发展和进步无不寓于人类社会这个大背景之中，不同民族、不同地域、不同气候、不同时代的人类物质文明依然遵循“适者生存”“各得其所”的规律，在生产、流通、使用、销毁的全过程中新陈代谢。人类的发明、创造不可能违背这个规律，这也就是我们常说的“师法造化”。

第二节/////如何成为一个合格的设计师

一、设计师需要怎样的知识体系

设计师面对复杂、庞大的制造业系统以及多元化的市场，其知识体系要同时具备广度和深度。艺术基础、创造力、理论基础、技术知识、设计表现技能、职业素质、实践经验、艺术修养、研究技能、沟通技能等都是不可或缺的。

设计师需要的知识体系树图

如何在内心构建出强大的知识体系以使之用于设计实施？以下为Dieter Rams的设计十原则，简短而具有概括性的语言折射出设计的多元面向：

1. Good design is innovative；

良好的设计是创新；

2. Good design makes a product useful；

良好的设计使产品有用；

3. Good design is aesthetic；

良好的设计是美学；

4. Good design helps a product be understood；

良好的设计可以帮助理解产品；

5. Good design is unobtrusive；

良好的设计是谦虚的；

6. Good design is honest；

良好的设计是诚实的；

7. Good design is durable；

良好的设计是持久的；

8. Good design is thorough to the last detail；

良好的设计贯彻到最后一个细节；

9. Good design is concerned with environment；

良好的设计是与环境共生的；

10. Good design is as little design as possible.

良好的设计是尽可能少的设计。

Dieter Rams，一个影响了几代设计师的设计巨匠，将优良的设计提炼为最精髓的语言。我们将这十个原则进行分解，将相关面向合并，可以得出如图的五个面向：功能、形态、理念、态度和责任。

基本上在这十点中分布给各个面向是均匀的，也是Dieter Rams对设计要求的均等性体现。我们进而将与之相关联的知识学科联系起来，来观察设计知识体系的实体节点。

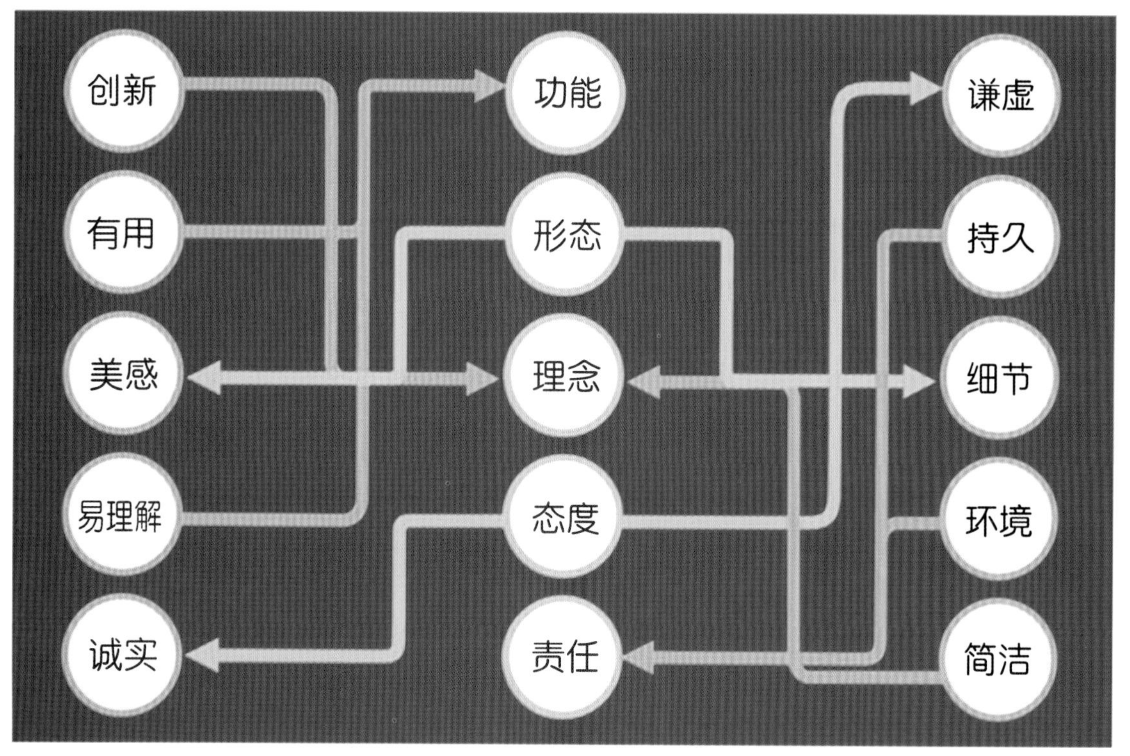

由Dieter Rams设计十原则分解出五个面向

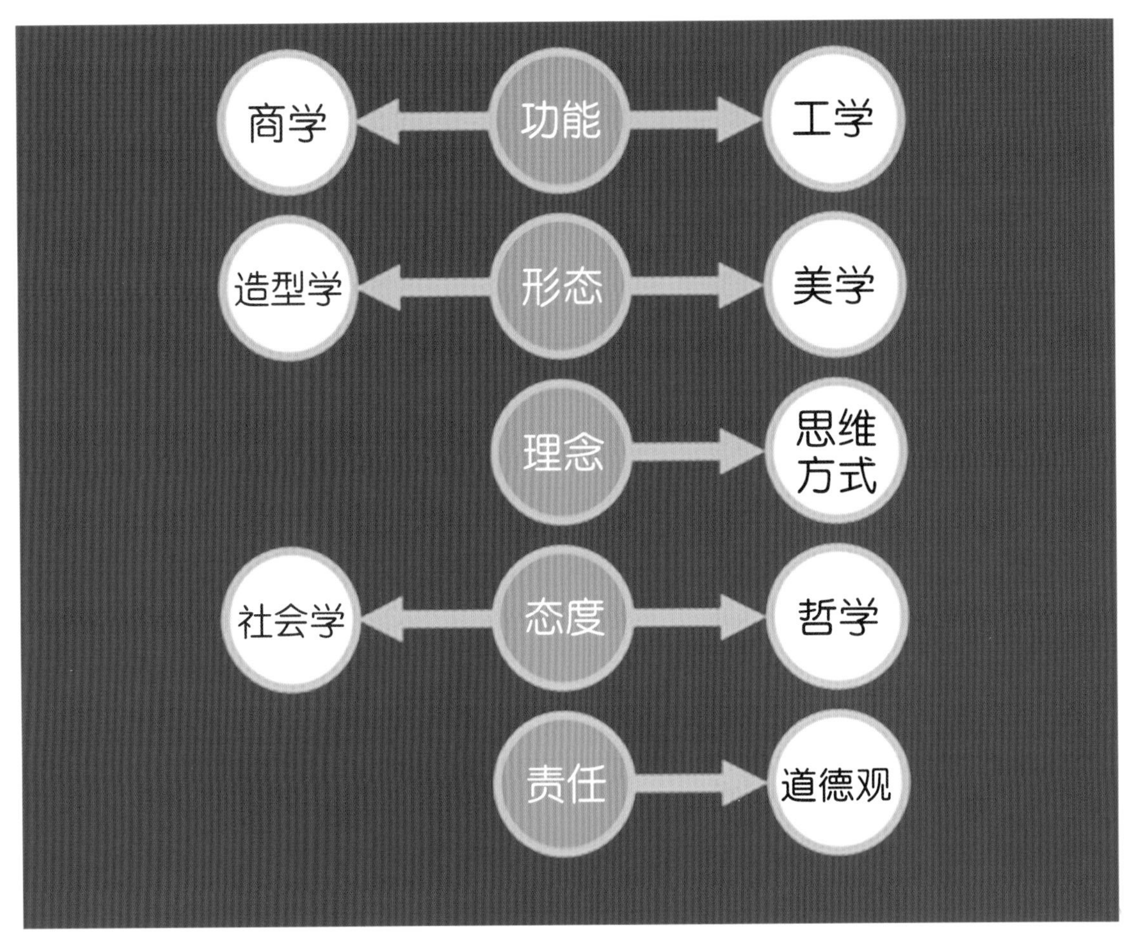

五大面向的学科节点

从上图可以发现，由优良设计十条递推，设计师的知识体系包含工学和商学两部分。工学很好理解，包括以理化为核心的工程学科、交互学等，这些与产品的功能属性直接相关联，也是设计师力图传达的核心部分；而商学包含市场学、营销学，是帮助设计师洞察市场需求，以及开发新产品功能或者进行修正所需要的。

另外，形态包含的美学以及造型学知识，我们有时会混淆。可以这样理解，美学是充分条件，也就是作为设计师要具备美学知识，有良好的美感。而造型是必要能力，设计的其中一个环节的主要活动就是造型，因此需要设计师在认识美的同时创造美。理念所包含的范围是最为广阔的，除了一些可以用语言予以概括的思维方式之外，理念很大程度上和自身的背景知识有关联，例如设计师所处的社会环境、工作氛围、思维方式等。态度同样是个社会学的面向，从横向看，我们可以认为态度是形成一种风格的源头，也可以从设计作品中看到设计师的世界观和价值观。

还有设计师责任，这点越来越被现今社会所重视。经历商业项目后，设计行为直接作用于社会，引发与社会间的联络。设计师的工作是与物紧密关联，与人互利共赢，与社会一脉相承，与环境和谐共生的工作，因此设计师本身要为设计负责，避免过度设计带来的资源浪费，在设计中探求新方式以获得更有利于社会发展的产品使用方式。因此，设计师不仅要关注设计知识体系本身，还需要了解其所要承担的责任。

二、设计师应该具备哪些能力

1.理解能力

（1）什么是理解能力

具有出色的理解力是一个优秀设计师的基本能力。

两个层面：一是“理”，规则、道理；二是“解”，指能力。

包括信息的采集和处理能力，对知识的敏感度和领悟力，智力学习和推理的能力，抽象或深刻思维的能力。

（2）为什么要训练理解能力

现代设计已经由“物的设计”拓展到服务、程序、系统的设计。设计师无时无刻不被庞杂的信息、关系和事件包围，理解能力的强弱，直接关系到创造力的触发。

（3）理解能力的解析

①信息处理

在设计之前，我们必须对设计项目建立一个总体认识，从各方面获取大量信息，构思前要将这些信息熟悉透彻。

赖特在设计日本帝国饭店前，考虑日本是多地震国家，为确保不受地震的侵害，曾用了数月时间去研究地震和震害的特点及规律，使得帝国饭店成为1923年东京有史以来最大地震后留存建筑之一。

②生活体验

要做好室内空间设计，就要理解空间，体验空间，就要靠生活中不断观察、分析、学习形成一定的空间观念来指导设计。

当年贝聿铭在受到密特朗总统的邀请，设计罗浮宫的扩建工程时，他答复要用四个月去准备。这期间，贝聿铭不定期去巴黎，每次逗留七到十天，通过对罗浮宫的亲身体验来找出解决问题的关键，最终设计出举世瞩目的玻璃金字塔。

东京帝国饭店（Imperial Hotel，Tokyo）由法兰克·洛伊·赖特设计（东京帝国饭店于1922年建成，1967年拆除）。

③多元视角

当代设计不再是单一方向，而是成为与其他学科领域进行交叉和跨界的整合设计，具有开放性和融通性。因此，设计师所从事的设计不只是设计实践，更是一项研究性的思维活动，即来自多学科、多视角的思考和研究。

终极木屋（Final Wooden House）由Sou Fujimoto事务所设计

木屋只有15.13m²，对于设计师而言，最大的挑战便是如何在如此小的空间中实现所有的生活功能，设计师藤本壮介仅仅通过一种方式：木方的累叠，就成功地完成了这一挑战。在构想这样一个新型的空间的时候，藤本壮介充分研究了木材无所不能的特性。木材能够有效而区别化地满足一般木建筑中的诸多功能化要求。它可以是柱子、横梁、基座、外墙、内墙、天花板、地板、隔断、家具、楼梯、窗框……它可以是建筑的一切。既然木材拥有如此多的用途，藤本壮介就希望能够创造一个可以实现所有这些功能的设计规则。值得一提的是，终极木屋不仅要通过木材容纳不同居住化的功能和角色，还试图在功能之前保持建筑和谐整体的原始性。

终极木屋为使用者制造出的是一种无定形的风景，可以带给人们不同空间感的新体验。住在里面的人会发现，这些垒叠的木方不是要让你去适应设计师为你设定好的功能，而是去对空间进行发现以及开发。设计师在这个空间中创造出了12个不同的层面，不过，这样的层面显然可以更多，使用者可以根据自己的喜好去进行探索。这样的类似洞穴的空间，没有那么刻意，甚至能够表达自然和人工之间的一些东西，就好像一种没有形式的形式，随意地将建筑融汇出自然之美。

在终极木屋中，建筑师通过木材这种最为接近自然的元素进行建筑构造，固然是因为木材的无所不能，另一大原因便是其营造的自然之感。而这个建筑又是处于一片广阔的密林中间，更是要表达与自然对话的意思了。从功能上说，或许它只是一个度假型的第二居所，但其带给我们的意义却远远超越了本身，不仅在于其对木材功能、空间的开发，还在于对人类未来居住方式的思考。

④批判精神

批判精神是科学进步的推动力，没有批判就没有创新，没有批判就没有进步，而批判就是一种否定，否定现实才能有新的创作。就文化与艺术的关系而言，艺术也是否定了文化本身的元素组合方式，进行重构而形成的。室内设计强调艺术性，就不能只是重复前人的工作，不能只是按照规定来做设计。但是艺术和文化也是有一定联系的，一种文化是由多种文化元素构成的，当我们把文化元素化，并且拆开，用一种新的方式组合，就可能构成艺术。比如我们说生活是文化，艺术来源于生活却又高于生活，就是因为组合方式不一样。设计应当在行动中创造，在创造中批判反思，在反思中创新。

2.分析和综合能力

(1) 什么是分析和综合能力

分析：就是将事物、现象、概念分门别类，离析出本质及其内在联系。分析是一种发散性思维，一是逻辑性，二是分解过程。如资源管理器。

综合：就是把对象或现象的各部分、各属性联合成一个统一的整体。

(2) 为什么要训练分析和综合能力

设计师可以借此实现对信息的深度处理。可以把设计师的个人设计观纳入逻辑化的系统中。将事物整理、分类、归纳并创建其间的联系，可以激发出更多创意的可能。

哈根达斯的甜蜜邀请——躺在床上听音乐会

知名冰激凌品牌哈根达斯在东京邀请了抽奖活动中胜出的100对夫妇来到他们的私人音乐厅，现场聆听由三位顶级古典艺术家表演的甜蜜天堂演唱会(Dolce Heavenly Concert)，同时还提供价值2万人民币的豪华床位，以及无限量冰激凌。这是一种全新的组合方式，没有人说不可以躺着听音乐会，这是对传统音乐会形式的一种否定，通过这样的批判反思，观众得到了全身心的享受。

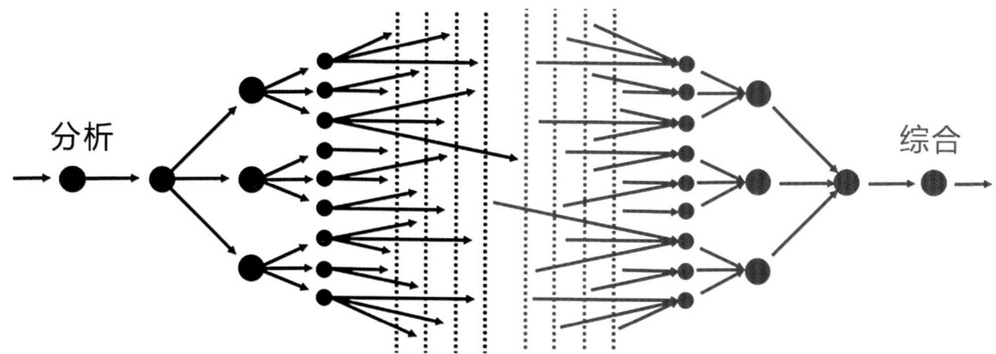

分析和综合能力

（3）能力的理解

①逻辑性

“逻辑”被认为是研究思维的科学，在现代逻辑中，它又被普遍定义为研究推理的科学。室内设计不但需要感性的非逻辑思维，如形象思维、直觉与灵感思维和创造性思维等，同时也需要理性的逻辑思维。努力寻求非逻辑思维与逻辑思维的有机结合，以感性的非逻辑思维开道，以理性的逻辑思维证实，这样才能呈现出室内设计的科学性与艺术性紧密结合的特色。

②发散和收敛

发散思维是一种不依常规、寻求变异、从多方面寻求答案的思维方式，它是创造性思维的中心环节，是探索最佳方案的必由之路。思维发散方向对创造性思维起着支配作用，不同思维发散方向可归纳为同向发散、多向发散、逆向发散三种。

发散性思维是对求解途径的一种探索，而收敛性思维则是对求解答案做出的决策，属于逻辑推理范畴。它对发散性思维的若干思路以及所产生的方案进行分析、比较、评价、鉴别、综合，使思维相对收敛，有利于作出选择。

当然，这两种创造性思维不是一次性完成的，往往要经过发散—收敛—再发散—再收敛，循环往复，直到问题得到圆满解决。这是设计创作思维活动的一条基本规律。

③系统性和关联性

一群由相互关联的个体组成的集合称为系统。任何一个系统都存在整体性、关联性、等级结构性、动态平衡性、时序性等基本性质。研究室内设计的系统性，关键在于研究系统内外的各种关联性。

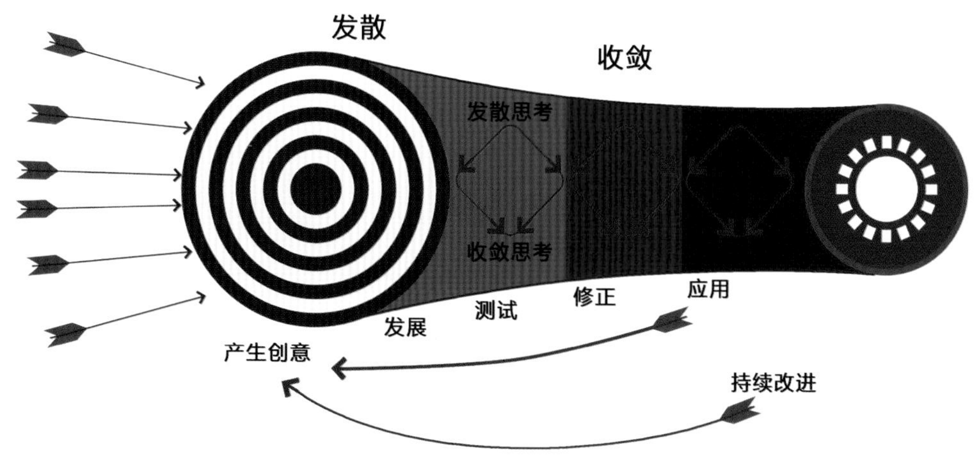

发散和收敛

3.解决问题的能力

（1）什么是解决问题的能力

“问题”，简单地说就是现有的和希望的之间的差距。希望有所改变的愿望就是认识问题以及寻找答案的主要动机。

找不到问题：没有问题往往是最大的问题。因为不能发现问题也就失去了改进的动力。

信息问题：首先是信息的缺失或是不充分；其次是信息不清晰，不清晰可能是信号过于微弱或庞杂。

方法问题：设计师选择何种工具来分析和解决问题,设计师应有高明的方法论和强有力的执行力。

（2）为什么要训练解决问题的能力

设计，究其本源是以解决问题的欲望为驱动的。因此，解决问题的能力是设计能力的集中体现。所谓大师，就是因为他们往往能够提供比常人更富创造力或是更为成熟、全面的解决策略。

（3）能力的解析

①发现问题

爱因斯坦曾经说过：“提出一个问题比解决一个问题更重要。”这说明了发现与提出问题在科学研究中的重要性。同样，发现与提出问题在技术活动中也具有非常重要的作用。那么，在技术活动中，为什么发现问题那么重要呢?

这是因为，设计的过程，实际上就是寻找解决某个问题的途径的过程。发现问题和提出问题是进行设计的前提，如果没有发现问题、不能提出问题，设计便无从谈起。另外，发现问题和提出问题的过程是极具创造性的过程，要想从平常的、已经习惯的事件中发现不平常的因素，这是很不容易的事，它比在现成的问题下寻求解决问题的方法更需要创造性思维。

②先例学习

注重学习成功先例的方法与步骤。

③策略比较

对设计作品分析和设计过程中的分析进行比较，从对象、目标、过程和方法几个角度找到待解决问题，从而明确在设计中所起的作用。

4.应变能力

（1）什么是应变能力

应变能力就是指按情况调整、改变或是寻求新的观点和途径，去解决问题、实现创意的能力。设计是一个动态的过程，除了要研究现状，还要考虑发展趋势，有多种可能性。

（2）为什么要具备应变能力

设计是一个旅程，而不是一个目的地；是一个过程，而不是一个状态。

设计是设计师与生活世界交流的一种方式，因此，可变或适应能力是每一个设计师都必须面对的挑战。

具有应变能力的设计师，往往能够将限制、威胁和变化看作支撑其设计的机遇。

（3）能力的解析

①常规做法

常规是指日常生产生活中通行的规矩和规定，这部分知识是可以通过经验和教学来流传的。

②类型研究

每当我们谈到变化或是进步的时候，一定会有一个参照物。没有比较是无所谓好或者不好的。“类型是长期传统之下所形成的结果”，而现在，类型也被用来解析和研究一些著名设计师招牌式设计背后的规律。

③可变性和适应性

对于一个成熟设计师而言，经常碰到的问题是如何在不损其个性的同时很好地适应每个具体项目的情境。

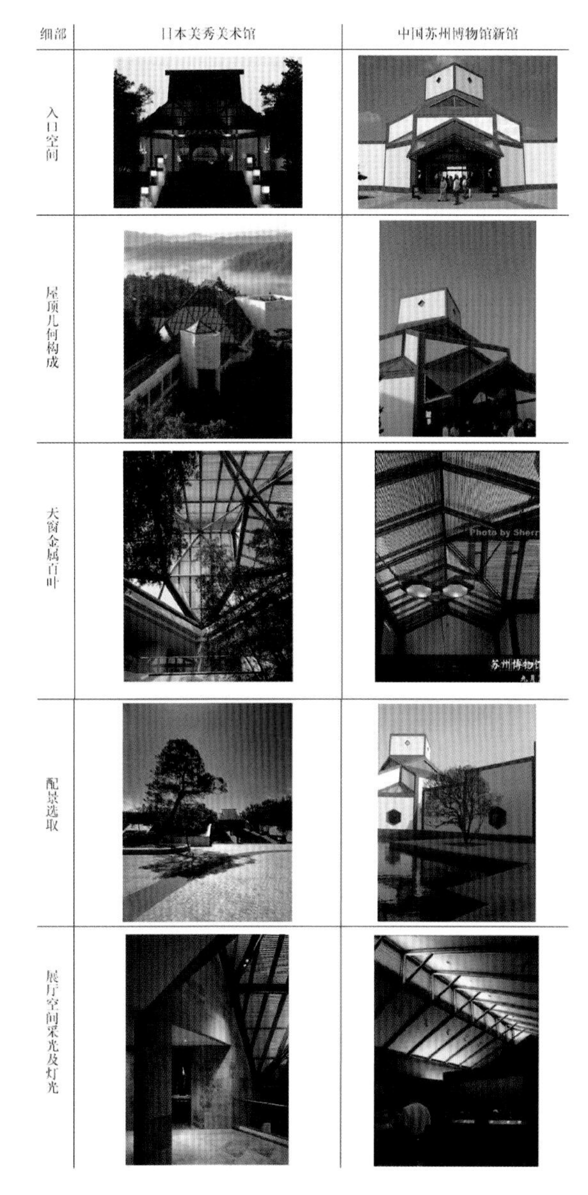

贝聿铭两个建筑使用的语言比较

通过对贝聿铭先生这两个建筑作品的分析和解读，可以感受到东方建筑所体现的东方人所特有的空间观念。而这种空间观念又是基于博大精深的东方文化背景之下的，与东方哲学思想有着密切的传承关系。其建筑有着其自身鲜明的特点和语言，形成其特有的空间感受。空间中的每一个要素及各要素之间的关系都可能成为建筑师考虑的重点和中心，通过一系列的空间设计手法和语言形成一种虚实结合的空间秩序，强调"融为一体"，最终达到与自然、人文、历史环境的和谐统一。

5.个性表达的能力

（1）什么是个性表达的能力

个性就是指作为个体的人与其他人不同的性质和特点。设计师通过设计作品或设计行为来认识这个世界并表达自身存在，因此，设计师的个性表达包括其设计作品及与之相关的生活方式、观点、言论和技术表达等。

（2）为什么需要个性表达的能力

对于个性的强调，首先是创造力的强调。

对于大多数设计师而言，创作环境并不是太宽松，而是有太多的约定俗成限制了设计师创造力的发挥。因此，每一次设计可以说都是创造力的一次挑战。

设计师作为社会角色，其独特的思维方式、价值观、行为和观点对社会多元性是有积极意义的，他们的个性表达也越来越被时代和社会所认可。

（3）能力的解析

①个人与社会。

②张扬与低调。

③叙事能力。

④个性表达系统。

6.沟通和协作能力

（1）什么是沟通和协作能力

沟通和协作是设计师和他人交往的能力。设计师既要与设计团队成员、合作伙伴等技术人员沟通，又要与业主、政府官员等决策者沟通。协作能力不仅体现在专业技术能力范围内，还体现在项目的组织管理、项目的推进等多方面。

（2）为什么需要沟通和协作能力

这个时代，设计师对个性的追求可谓不遗余力。但过度的个性诉求，往往易于忽视他人的价值和社会的存在，而沟通和协作是把设计师嵌入社会关系中的重要能力。

（3）能力的解析

①积极融入。

②合理策略。

③适度妥协。

7.设计工作者必须要有高度的社会责任感

随着科学技术的不断进步，今天的室内设计已经在一定程度上达到了相对自由的境界，只要材料能够解决，几乎能够想到的都可以做到。于是原创性的发展有了坚实的基础，人们似乎可以在设计的世界里为所欲为。问题是原创的基点是什么，走向生态文明的艺术设计，要实现可持续发展的战略目标，其设计的核心理念是否需要实现彻底的转变。原创的理念是否需要实现从以产品设计为中心向以环境设计为中心转型，已成为时代摆在每一位设计者面前的重大课题。作为一个正在高速发展国家中的设计工作者，必须以高度的社会责任感承担起这样的重任。

第三节////创造的基础

创造即做出前所未有的事情，只有通过人脑的思维，确定针对某种事物创造的发展概念和具体工作方法，通过艰苦的脑力劳动和所有必需的实践，才能完成特定的创造。可见创造的基础在于人本身心智与体能发挥的潜在素质。

一、原创的动力

1.人的天赋

既然创造的基础在于人本身心智与体能发挥的潜在素质。那么如何发掘自身所具有的这种创造潜质，就成为每一个立志以创造为业的艺术设计师最关心的问题。

创造的源泉是什么？原始性的创新动力到底来自何方？天才、生理、兴趣、意志、信仰……或许还可以举出更多。总之，这是一个有诸多争议尚未明确的命题。

所谓动力，无非有两种解释：可使机械运转做功的力量，如水力、风力、电力、热力等；比喻推动事物运动和发展的力量。在认识原创动力这样一个敏感问题上，持唯物辩证的态度应该是符合事物发展的基本规律。

在诸多的动力因素中，人的天赋应该是最具争议的。天赋——自然所赋予，生来所具有。天赋与天才在词义上有所不同：天才是“特殊的智慧和才能”。元稹《酬孝甫见赠》诗：“杜甫天才颇绝伦，每寻诗卷似情亲。”在人们一般的概念中，天赋与天才都是不经过艰苦的专门学习或专业训练即可具备某种特殊能力的基本素质。我们不否认人的天赋，不否认天才的产生，因为人本身就存在着生理的差异，比如视知觉中的色盲或色弱。不可想象有色盲的人会成为用色彩表现自然的画家。人的身体素质各不相同，同样会表现出各方面的生理差异。就认知系统的司令部——大脑而言，自然也会有记忆与反应的差异。通常我们总是用智商来确定一个人智力的高低，通俗地讲就是一个人聪明与否的问题。“智商即‘智力商数’。表示人的智力发展水平。其计算公式为：智力商数-智力年龄÷实足年龄×100。如某儿童智龄和实龄相等，依公式计算，智商等于100，即表示其智力相当于中等儿童的水平。智商在120以上的称作‘聪明’，在80以下的称为‘愚笨’。聪明即视听灵敏，实际上也就是指特定个人接受外界的能力超常，所以从人的本质来讲，天才无非还是建立在感觉器官功能优异的基础上。智商基本上是相当稳定的，如两个六岁儿童的智商分别为80和120，在小学毕业后，他们的智商基本上仍分别为80和120。”可见智商的高低既与大脑的生理发育有关，也与一个人婴幼儿期的教育关系重大。当然这个时期的教育更多地表现为耳濡目染，但一个人的个性与智力基本形成于婴幼年龄。狼孩是这个问题最具实证的例子。当然，我们也不否认后天的努力，但就实际情况而言，如果失去婴幼儿期的教育基础，后天的努力将会是极其艰巨的，只有具备非凡的自信心，同时还要有合适的外部环境才有可能成功。由于艺术设计创造直接涉及复杂的空间概念，所以要成为一名优秀的设计师就需要空间感知力超常的才能。

2.激励机制

在原创动力的诸种要素中，建立自身的激励机制是极为重要的，激励即激动鼓励使振作，激发人的动机的心理过程。有各种形式的激励手段。有效的激励手段必须符合人的心理和行为的客观规律。认知心理学认为，激励是一个复杂的过程，需要充分考虑人的内在因素，如思想意识、需要、兴趣、价值观等。

思想意识是一个主观的心理认知概念，在激励机制中居于主导地位。

需要在人的生活中具有物质与精神的双重概念，在激励的机制中居于直接动力的位置。

兴趣在人的一生中会因为生活境遇的不同而发生变化。有的人兴趣相对比较专一，尤其是孩提时代的专一兴趣会成为日后某种行业的原创动力。可见兴趣是行业技能天赋的直接动因，在激励的机制中居于助推动力的位置。

价值是衡量人类劳动的唯一标准，且不同的价值观决定了不同的人类劳动取向。但就艺术设计原创动力的激励机制而言，价值最终的恒定作用则是毋庸置疑的。

3.意志与自信

建立自身的激励机制在客观上依赖于人的心理与行为要素，但在主观上则要靠意志与自信。

意志的这种主观能动作用在激励机制中非常明显，在很多情况下甚至是决定性的。坚强的意志培养，虽然有先天的因素，但更多的来自后天境遇的磨炼。

自信，自信心的建立依靠人自身主观意志与客观技能的确立。但对于一个艺术设计的工作者来讲，更应该强调其主观性。就设计的原创动力而言丧失自信意味着丧失一切。

二、积累的环境

人的创造能力的取得是个渐进的积累过程。这个积累的过程实际上就是人的全部后天经历。在所有的后天经历因素中，积累的环境显得尤为重要。家庭、学校、社会是外部环境组成的三个主要方面。

家庭作为社会组成的细胞，无疑是创造力培养积累环境中最为重要的方面。在先天因素中，人通过遗传基因密码的代代相传，在身体素质的各个方面承传了上代优与劣的基础因子，从而造就了各人不同的生理与性格特征。这些特征在个人的后天发展中必然起到关键性的作用。今天的科学还不能够准确揭示人的智力发展和家庭遗传之间的关系。但就后天因素而言，个人婴幼儿期的智力发育对一生的影响则是决定性的，婴幼儿期是语言发育的关键时期，而语言又直接影响到健全思维能力的养成。同时在创造性的思维能力中，语言的作用也是极为重要的。可以说在艺术设计创作中，语言表达、空间感、形体知觉和色觉是创造力培养最主要的能力特征，所有这一切能力的获得都与家庭环境的好坏直接关联。“家庭作为内心感知范畴的直接实体，其突出特征便是爱，即内心寻求自身和谐的情感。”家庭环境最显著的特征在于它所营造的潜移默化的教育氛围。家庭成员之间的言行举动无不对年幼时代造成影响。宽松和谐、启发诱导而非说教式、灌输式的家庭气氛，对创造力培养的作用是不可低估的。

学校作为教育的直接机构理所当然地成为创造力积累的环境中最主要的场所。然而学校已经不可能对人的先天素质造成任何影响。后天素质的培养成为学校教育的主要目标。这种教育模式最显著的特征在于它的强制性。因为学习本身是开发人类智力的艰苦劳动过程，它与人的动物性的生理需求本质是相抵触的。所以学校必须依靠严格的管理，用定时的授课、作业、考试、升留级等手段达到预定的教育目的。

学生严密逻辑的专业素质能够在这里得到很好的训练，而艺术设计所必需的创造素质培养则很可能在这种环境中受到负面影响。如何协调两者之间的关系，就成为在学校建立良好积累环境的重要研究课题。艺术教育是全部教育体系中必不可少的重要环节，这是因为艺术教育对人的创造能力培养具有不可替代的作用。从学校教育的本质来讲，无非是最大限度地启发人的创造力。而创新思维能力的培养又是艺术教育最大的长项。对中小学甚至未来的大学来讲，艺术教育并不是专门的职业培训，而是不可或缺的基础素质教育。

可以说什么时候我们建立了完整的学校艺术素质教育体系，什么时候我们的学校才会有良好的创造力培养环境。

社会是个大熔炉，家庭与学校的所学必须经过社会的检验。“认识从实践始，经过实践得到了理论的认识，还须再回到实践上。”创造的成果也只有得到社会实践的认可，才能最终成为物化的具有价值的产品。产生于头脑中的创造灵感通过某种语言的传达最终转化为实物的过程，成为创造的概念不断受到检验、不断得到修正的实践过程。人的创造力也只有经过这样的实践，才能不断得到更新从而成为更高层次的创造。“实践、认识、再实践、再认识，这种形式循环往复以至无穷，而实践和认识的每一循环的内容，都比较地进入了高一级的程度。”可以说正是社会实践为我们提供了最好的创造力积累的环境。同时，社会需求也成为人的创造力得以延续发展的直接动因。

在家庭、学校、社会的环境中艺术设计创造力的培养，必须经过客观外在的空间语言表达训练，并积累到一定的量，才能达到质的变化。这种空间语言表达的训练通常采取两种方式。一种是模拟空间的训练方式，另一种是物化空间的训练方式。

模拟空间的训练是种用平面图形模拟立体空间的纸面二维训练方式，一般来讲，受训者必须具备一定的绘画基础，能够将视觉感应的空间实体形象转化为二维的平面图像。传统的模拟空间训练采用绘画的素描、工程的制图以及画法几何的透视原理作图来进行。在今天，由于计算机技术的飞速发展，模拟空间的训练在很多方面已被其取代。当然，由于人的眼、手、脑配合速度在目前还是快于人与机的配合，所以模拟空间的训练使用传统的方法还是具有一定的长处。

物化空间的训练是种在实际的空间氛围中直接感受的实体四维训练方式。采用这种方式，受训者需要具备一定的绘画、摄影、测绘知识。在这个受训的环节中，实际的空间感受要成为表象的内在储存，也就是说要将空间感受到的形体、色质、尺度完整地转化为大脑的记忆。这种训练能够迅速缩短纸面操作与实体感觉之间的距离，从而确立起设计者完整的空间概念，为创造力的外延提供最大的发展余地。在学校教育中，物化空间的训练也可以通过空间构成的基础作业和设计类作业中的模型制作来实现，但这类作业缺乏实际尺寸的真实印象，并不能完全替代实际空间氛围感受所带来的训练效果。

1.意念的转化

艺术设计的创意和最终确立的设计主导概念，只有最后转化为产品才具有存在的社会价值。艺术的产品与艺术设计的产品有着本质的不同，艺术设计的创造力体现于最终形成的实用产品，既具有物质功能又具有精神功能，仅存在于头脑中或表现于纸面的创造对于艺术设计来讲是毫无意义的。这就是艺术家与设计家创造力体现的不同点。

设计是个从客观到主观再从主观到客观的必然过程。在生活中，我们接触到一件产品，由于产品本身存在的问题，使我们受到使用上的种种制约，于是改进它的功能就成为最初的设计动机。产品满足了理想中的基本功能，作为商品，推向市场后还必须有漂亮的外观，最初打动消费者的并不是功能，只有在使用一段时间后才能发现它功能的好坏，所以设计者的创造必须能够满足两方面的需求。可见这种创造力的基础是建立在全面的艺术素质和充实的生活经验之上的。艺术设计的创造力就是在认识产品的过程中步步积累与深化的。“认识的过程，第一步是开始接触外界事物，属于感觉的阶段。第二步是综合感觉的材料加以整理和改造，属于概念、判断和推理的阶段。只有感觉的材料十分丰富（不是零碎不全）和合于实际（不是错觉），才能根据这样的判断造出正确的概念和论理来。”只有经过这样的认识过程，设计者的创造力才能得到最充分的发挥，才能够最终完成设计意念的转化。

在设计概念向实际产品转化的过程中，作为设计者的创作理论来讲，确立文化、社会、经济、艺术、科学的理念显得尤为重要。

文化作为人类社会历史发展过程中所创造的物质与精神财富的总和，表现出无比深厚的内涵，不同地域的文化又呈现出完全不同的特征。文化积淀所反映出的传统理念，以及物化的风格样式，成为设计者取之不尽的创作源泉。

社会是以共同的物质生产活动为基础而相互联系的人们的总体。人类是以群居的形式而生活的。这种生活体现在各种形式的人际交往联系上，就会产生丰富多彩的社会活动。社会活动的各种物质需求，带来了艺术设计者的创作机会。深入了解社会就成为设计者创造力完善的基础。

经济作为社会物质生产和再生产的活动，在它发展的不同阶段总是形成一定的社会经济制度，作为社会生产关系总和的经济基础，成为一个国家发展的根基。作为艺术设计者，不了解经济运行的基本状态，就把握不住设计定位的方向。

艺术与科学是人类赖以发展最基本的文化保证，在哲学的理念上，艺术与科学是一个问题的两个方面。

艺术的感性加上科学的理性就成为设计者无限的创造动力。

设计意念的转化有个从头脑中的虚拟形象朝着物化实体转变的过程，这个转变不仅表现于设计从概念方案到工程施工的全过程，同时更多地表现于设计者自身思维的外向化过程。这是个设计概念从形成、发展到变成设计方案的图形化与实物化推敲渐进过程。在这个过程中，从抽象到表象、从平面到空间、从纸面图形到材料构造成为设计意念转化的三个中心环节。

从抽象到表象是设计意念从概念向方案转换的创意物化环节。抽象的设计概念在设计者的头脑中只是一个不定型的发展意向，它可能是一种理念、一种风格、一种时尚，就好像许多设计任务书中描绘的：某某设计要体现一种时代精神，在现代中蕴含传统的韵味……一句话好说，但要把它转化为具体的空间实物，则需要设计者艰苦的脑力劳动。在这里，关键点在于设计概念表象特征的选取，也就是说要选择一个能够正确表达概念的物化形象，用一句专业的术语叫作——设定位。设计者往往需要经过多方面的尝试才能最终确立，既要经过十月怀胎的艰辛，还要经受分娩的阵痛。一旦孩子生下来，剩下的事就好办多了。

从平面到空间到设计意念、从概念向方案转换的技术表达环节。创意物化的工作完成之后，摆在设计者面前的可能是一堆文案草稿，也可能是一件卡纸模型，要把它转换成可实施的方案还必须使用科学的空间表达技术手段。正投影制图、空间模拟透视图、实物模型成为传统的表达方式。计算机虚拟空间表现与实景动态空间模拟成为新型的表达工具。不论是何种方式，技术表达环节的最终目的除了让观者理解空间设计的意图之外，同时也是为了设计者自身实现从平面绘图概念向空间实施概念的转换。

从纸面图形到材料构造是设计意念从概念向方案转换的实施环节。当技术表达完成对实施空间的模拟之后。选择合适的材料与构造就成为最终完成设计意念的关键。纸面的图形与实际的材料构造之间还是有着相当大的差别。纸上谈兵与实际带兵毕竟是完全不同的两个概念，图画得好并不意味着能够选择合适的材料，进行理想的构造设计，材料选择和构造设计同样要经过实践的考验。

2.生活经验的积累是原创外在条件的基础

原创条件、物质基础是原创的重要保证，人类的社会生活是艺术设计原创活动的源泉。人的创造能力的取得是一个通过社会生活渐进的积累过程。这个积累的过程实际上就是人的全部后天经历。具体到某个人，这种经历也就是他全部的生活经验。不同的人有着不同的生活经验，生活经验的取得既有被动的也有主动的，生活经验积累的深度完全取决于一个人所处的环境，即他的家庭、学校和社会生活。既然生活是艺术设计原创活动的唯一源泉。所以，主动地深入生活，不断取得生活经验，是原创外在条件的基础，创作者必须具备较高的专业设计技能。

艺术设计毕竟是一种以形象思维为主导的创作方式。作为这种创作方式的原创条件之一，就是创作者必须具备一定的艺术素养。凡是经过基础教育并有一定生活经验的人，一般来讲，或多或少都具有自身相应的审美眼光，只是水平高低而已。也就是说，具有一定的欣赏水平，可以是眼高手低。而这里所说的是全面的艺术素养，要求眼高手亦高，既具备较高的审美水平，也能够亲自动手进行创作。换句话说，就是要具备较高的专业设计技能。

3.原创力需要经过设计实践的持续锤炼

原创即做出前所未有的事情。只有通过人脑的思维，确定针对某种事物创造的发展概念和具体工作方法，通过艰苦的脑力劳动和所有必需的实践，才能完成特定的创造。可见原创的基础在于人本身心智与体能发挥的潜在素质。这种素质不可能通过设计实践之外的渠道来获得。也就是说，体现于人的心智与体能的素质，只有具备特定的专业技能，并在具体的设计实践过程中不断锤炼，才能逐渐转换为相应的原创力。

设计的本质在于创造，创造的能力来源于人的思维。对客观世界的感受和来自主观世界的知觉，成为设计思维的原动力。这种原动力能否转换为原创力，取决于理论总结的升华。只有生活经验的积累，艺术素养的积淀和设计实践的锤炼，不善于将积累的经验梳理为指导全局的理论概念，不能在某一方面有所突破，则可能永远是一个兢兢业业、一丝不苟的匠人，而绝难成为一个设计上的原创者。不能进行理论思辨的艺术设计者，往往会落入因循守旧的窠臼。

第四节/////创意工具

一、头脑地图法

是一种经常被设计师用来刺激思维、帮助整合思想与信息的观念图像化的思考方法。意念和信息通过线条、图形、符号、色彩的方式被快速地记录下来。具备开放性及系统性的结构特点，可以使设计师能够自由地激发扩散性思维，发挥联想力。

二、5W2H法

5W2H法是第二次世界大战中美国陆军兵器修理部首创。简单、方便，易于理解、使用，富有启发意义，广泛用于企业管理和技术活动，对于决策和执行性的活动措施也非常有帮助，也有助于弥补考虑问题的疏漏。

（1）WHY——为什么？为什么要这么做？理由何在？原因是什么？

（2）WHAT——是什么？目的是什么？做什么工作？

（3）WHO——谁？由谁来承担？谁来完成？谁负责？

（4）WHEN——何时？什么时间完成？什么时机最适宜？

（5）WHERE——何处？在哪里做？从哪里入手？

（6）HOW——怎么做？如何提高效率？如何实施？方法怎样？

（7）HOW MUCH——多少？做到什么程度？数量如何？质量水平如何？费用产出如何？

发明者用五个以W开头的英语单词和两个以H开头的英语单词进行设问，发现解决问题的线索，寻找发明思路，进行设计构思，从而创造出新的发明项目，这就叫作5W2H法。

提出疑问于发现问题和解决问题是极其重要的。创造力高的人，都具有善于提问题的能力，众所周知，提出一个好的问题，就意味着问题解决了一半。提问题的技巧高，可以发挥人的想象力。相反，有些问题提出来，反而挫伤我们的想象力。发明者在设计新产品时，常常提出：为什么（Why）、做什么（What）、何人做（Who）、何时（When）、何地（Where）、如何（How）、多少（How much）。这就构成了5W2H法的总框架。如果提问题中常有“假如……”“如果……”“是否……”这样的虚构，就是一种设问，设问需要更高的想象力。

在发明设计中，对问题不敏感，看不出毛病是与平时不善于提问有密切关系的。对一个问题追根刨底，有可能发现新的知识和新的疑问。所以从根本上说，学会发明首先要学会提问、善于提问。阻碍提问的因素，一是怕提问多，被别人看成什么也不懂的傻瓜；二是随着年龄和知识的增长，提问欲望渐渐淡薄。如果提问得不到答复和鼓励，反而遭人讥讽，结果在人的潜意识中就形成这种看法：好提问、好挑毛病的人是扰乱别人的讨厌鬼，最好紧闭嘴唇，不看、不闻、不问，但是这恰恰阻碍了人的创造性的发挥。

三、SWOT法

SWOT法是竞争情报分析常用的方法之一。就是将与研究对象密切相关的各种主要内部优势因素Strengths、弱点因素Weaknesses、机会因素Opportunities和威胁因素Threats,通过调查罗列出来，把各种因素相互匹配起来加以分析，从中得出一系列相应的结论。

第二章 设计思维的方法训练

本章重点

1.通过积累多方面获取信息，形成发现问题的基础。

2.积极有意识地思考，思维方法的多样性。

学习目的

方案设计从不同角度去做广义深入的探讨，掌握保持思维开放、多向、独立、灵活的方法。

建议学时

48学时。

第二章　设计思维的方法训练

室内设计是由思维过程和表达手段完成的，两者共同构成设计方法的内涵。对于初学设计者来说，认识并掌握设计思维的普遍规律，有助于加强设计的主观能动性，提高设计能力。

第一节////积累——相关资料的收集

“灵感从不青睐没有准备的大脑。”资料收集对于设计师来说，是设计创意的准备与重要积累，是灵感发挥的前奏曲，足够的相关资料的收集为设计的开始及质量提供了必要的可能与保证。

一、文字

一段优美的文字可以激发出精彩的创意与设计，因为艺术是彼此相通的，文字上的精彩描述为艺术家的创新提供了无限想象的空间与余地，通过具体的艺术形象反映出来的可能是比文字更形象、生动、鲜活的具体可视的艺术形态。

晋人陶渊明所作的《桃花源记》文字优美，就激发贝聿铭先生创作了“滋贺县Miho美术馆”。

现代建筑有着多元的倾向，其中一个分支是朝着一个可游、可观、可居、可以使精神高昂的场所移行。其实，所谓建筑的真实一定是向你展现易于记忆的空间，或是从未有过的体验。

美秀美术馆别具一格之处在于，除了它远离都市之外，最特别的是建筑80%的部分都埋藏在地下，但它并不是一座真正的地下建筑，而是由于地上是自然保护区，在日本的自然保护法上有很多限制而采取为要保护自然环境及与周围景色

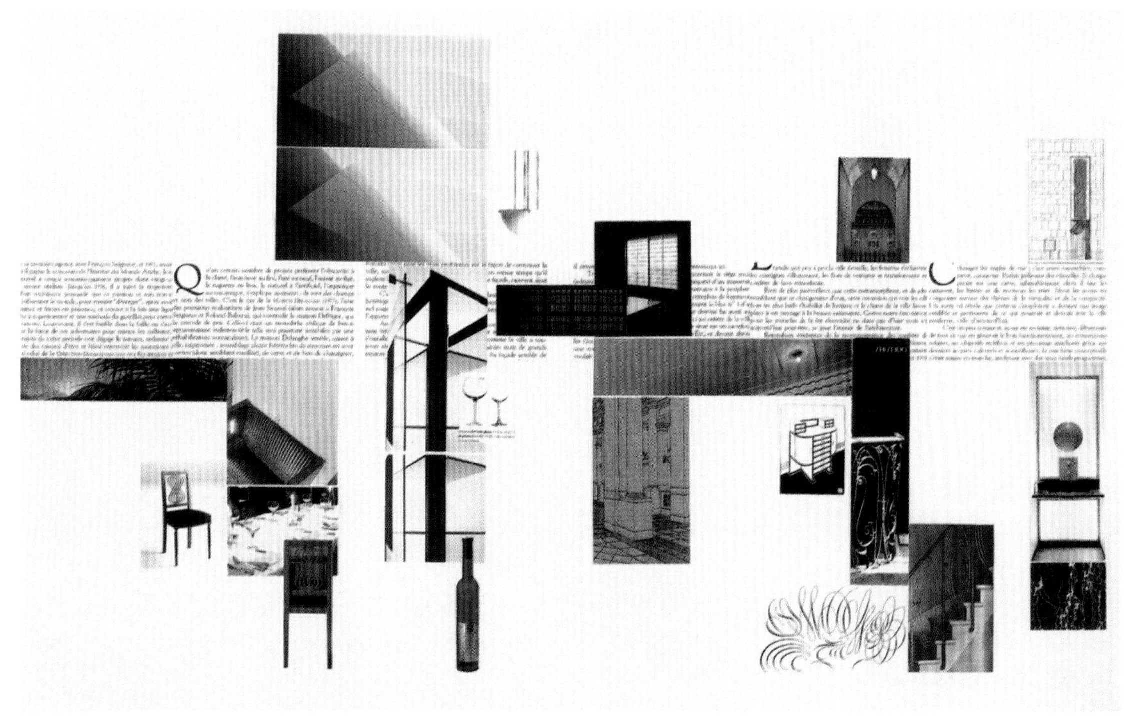

收集室内装饰所用的各种器件用粘贴画的方式进行场景过程的研究（某餐饮空间的调查分析过程）。

融为一体的建造方式。这一设计清楚体现设计者贝聿铭的概念:创造一个地上的天堂。他第一次到这个地方时，就很感动地表白:“这就是桃花源。”

它建在一座山头上，如果从远处眺望的话，露在地面部分屋顶与群峰的曲线相接，好像群山律动中的一波。它隐蔽在万绿丛中，和自然之间保持应有的和谐。

贝聿铭向我们展现的是这样一个理想的画面：一座山，一个谷，还有躲在云雾中的建筑。许多中国古代的文学和绘画作品，都围绕着一个主题：走过一条长长的、弯弯的小路，到达一个山间的草堂，它隐在幽静中，只有瀑布声与之相伴……那便是远离人间的仙境。

到达此地山高路险，这正是那些寻道者的旅途。在美术馆建设中，还专门建造了隧道和直通馆址的公路。沿坡路行不到百米，44根银线放射状地向天空展开，经过一个大半的椭圆形架再紧闭。原来这些钢丝是在山谷之间吊起一座长120米非对称的吊桥。桥的另一端便是美术馆的正门。

现在我们看到完成的这个超过我们想象的建筑，可以说是被约束下的杰作，在制约中，我们看到了贝聿铭的天才手笔。从外观上只能看到许多带有三角形、棱形等形状的玻璃的屋顶，其实那都是天窗，一旦进入内部，明亮舒展的空间超过人们的预想。

整个建筑由地上一层和地下两层构成，入口在一层，进正门之后仰首看去，天窗错综复杂的多面多角度的组合，成为你对这个美术馆的重要记忆。用淡黄色木制材料做成遮光格子，而室内的壁面与地面的材料特别采用了法国产的淡土黄色的石灰岩，这与贝聿铭为设计罗浮宫美术馆前庭使用的材料一样。应该说，这方面也满足了小山美秀子本人追求一流水平的希望。

1997年1月21日，贝聿铭在纽约曾接受过一次记者的采访，他认为：“构造的形态当然被地形所左右，根据当地的规定，总面积为一万七千平方米的部分，大约只允许两千平方米左右的建筑部分露出地面，所以美术馆80%的部分必须在地下才行。”

二、图片

不同类别的图片，如摄影作品、商业广告等都可以成为设计的创作源泉，通过对它们的观察与研读可以获得大量的、直接的、有价值的信息，并直接反映到具体的设计中去。

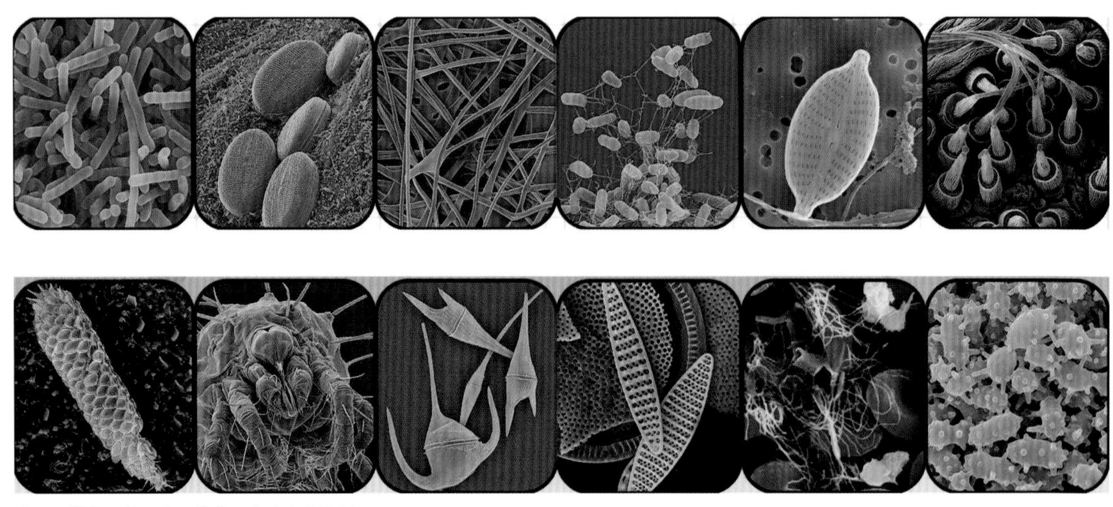

电子显微镜下的细胞、藻类、寄生虫的肌理

三、速写

速写是快速记录设计形象、收集第一手素材的有利工具，它所记录的形象具有快速、真实、生动的特点，以速写手法收集的素材具有很强的现场感，带有丰富鲜明的感情色彩。

速写　任文东

速写　任文东

REN

四、影像

影像是以动态的形式记录的资料形式，它不仅简单快捷，更具有强烈的连贯性、真实性与客观性，它所记录的较比其他的资料收集方式的存储量更大，内容更具感染力。

五、观察

观察要有目的性，一个人在进行感知时，如果没有明确的目的，那只能算是一般感知，不能称作观察。只有当那种感知活动具有明确的目的时，它才能算是观察。

观察是一种复杂而细致的艺术，不是随随便便、漫无条理地进行所能奏效的。观察必须全面系统，有条不紊地进行。长期的观察需要如此，短期的观察也需要如此。

观察力包含两个必不可少的因素：一是感知因素（通常是视觉），二是思维因素。

观察力的敏锐性指迅速而善于发现易被忽略的信息。观察力的敏锐性与一个人的兴趣往往是密切相关的。不同的人在观察同一现象时，会根据自己的兴趣而注意到不同的事物。兴趣可以提高人们观察力的敏锐性。

观察力的敏锐性是与一个人的知识经验密切相关的。一个知识渊博、经验丰富的人，他在错综复杂的大千世界中，自然容易观察到许多有意义的东西。

观察力是一种视觉修养，视觉修养对于设计师如同文字修养对于作家一样重要。在这里，我们说，照相机替代不了观察力。照相机不能记录思想、内在结构和图示的组织关系，也不能记录人的肉眼不能一下子就全部看清的其他东西。照相机是相对中性的仪器，它对事物既不需要做高度的选择，也不会由于需要就对事物做深刻的了解。柯布西耶认为——照相机阻挡了观察。

观察要有准确性。

正确地获得与观察对象有关的信息。在观察过程中，不只是注意搜寻那些预期的事物，而且还要注意那些意外的情况。

其次，是对事物进行精确的观察：既能注意到事物比较明显的特征，又能觉察出事物比较隐蔽的特征；既能观察事物的全过程，又能掌握事物各个发展阶段的特点；既能综合地把握事物的整体，又能分别地考察事物的各个部分；既能发现事物相似之处，又能辨别它们之间的细微差别。

再次，搜寻每一细节。一个具有精确观察力品质的人，他在观察事物的过程中，就会避免那种简单的、传统的、老一套的方式，选择那种不寻常的、不符合正规的、复杂多变的创新方式，这往往是富有创造力的表现。

六、体验

1.人的体验

（1）感官

视觉、声音、嗅觉、触觉是人类物理感知的主要器官。这些感知是人类接触和感知世界的最基本形式，这种接触和感知也是形成更为综合、复杂的体验的前提。视觉感知是人类最为重要的一种感知方式。营造一种感官体验，除了双眼对周边环境的感知，其他感官也一样重要。很多时候这些感官是综合起来起作用的。

（2）情绪

利用环境对人情绪的影响，通过对物质环境的设计，来控制人们的情绪变化。

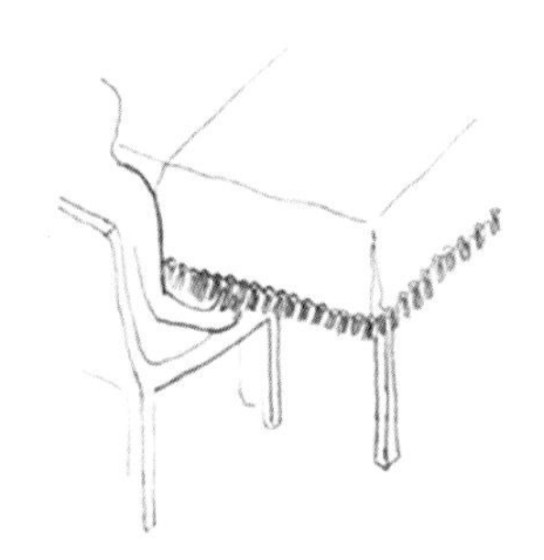

观察体验日常生活中人们情绪紧张时的下意识动作

Hairy Tablecloth台布

人们在使用Hairy Tablecloth台布

人有很多下意识的动作，比如情绪紧张会捏衣角，一次性桌布经常在等候用餐的过程中被撕得很high，女生用手指缠绕头发等。这款Hairy Tablecloth 也是运用了相似的理念，一款台布的设计，创意来自于体验生活中人们释放某种情绪时不经意间的动作，塑造了下意识的情绪转化。

（3）想象

多媒体时代，是我们生活中出现了“虚拟世界”，这个世界的存在是与想象密切相关的。感官接受的信息唤起了与已有经验的联系，因此获得了与真实生活相似的体验。

2.交互体验

交互实质上是两个参与者交替听、想、说的一个循环过程，或者说是在两者之间连续作用和反映的过程。

人—人的互动体验。

人—机—环境的互动体验。

3.体验的媒介

（1）空间

对于特定空间的营造能给予参与者许多戏剧性体验。我们需要的空间排列方式能激发人们的好奇心，给人一种期望的感觉，能招引和促使我们冲上前去发现并让人放松的空间。

空间及其限定物和内容物，承载了大量的信息。这些信息可以诱导无数种可能的体验。

（2）品牌

品牌能够传达一种独创意义。不单纯是产品的名字而已，品牌本身已经成了重要的商业资产以及投资者首要考虑的公共价值。并通过一种有煽动性的特殊语言，向它的受众以具象的绝对现实的方式表达出来。

（3）界面

空间在为其中活动的人提供了一个“场”，而空间界面往往是这个“场”中最重要的部分。这个边界部分，可以看成是两个空间的汇合处，将两个不同的空间连在一起，同时又产生一个更为丰富的空间。越来越多的界面体现了更强的互动性。

4.体验设计

设计师可以控制设计要素和线索，实现对体验进行预设和控制。

设计就是一个信息传达的过程，采用什么样的表达方式是设计重点之一。“真实数字充斥着我们的生活，为什么不以丰富多彩的方式显示信息呢？以一种快乐的而不是分心的方式进行。”

（1）用户情境观察的结果是感受或结论，而不是事实

体验设计的第一步是建立一个尽可能真实的情境，在这样的情境中才可能产生尽可能真实的问题（problem），于是一个真实的情境需要真实的素材来构建。

情境应该基于“故事”，而不应该基于一个武断的“推断”，有足够多这样真实的故事，就可以让我们的情境变得更加丰满，因此而发现的问题或机会，就会变得贴合用户的需要。

如果可能的话，把这些小故事用草绘的形式（或照片）表达出来，贴在墙上，布置一个情境房间，在房间里进行设计。

很多对环境的感官感觉是主观的结论而非基于一个个真实的故事（insights）。

（2）用自己的感官感觉替代用户的感官感觉

作为用户和情境的研究者，我们不能用自己的感官感受来代替使用者的感官感受，在这里，我们同样需要各种各样的故事去支持这些感官的评价。

人对情境的感官感觉来自于对周边每次互动时的反馈。于是我们需要思考的是使用者与整个环境的互动，这些就是交互触点（touchpoint），对所有触点的整体体会才构成了对整体情境的评价。

而我们作为设计师，对整体情境的评价只来自于视觉、嗅觉以及与以往经历的比较，而没有亲身体会那些使用者每天都在接触的交互触点，那么我们的感官判断是不准确的。

（3）对现在的解决方案不敏感

发掘用户问题最好的方法是去研究现有的解决方案，因为绝大部分情况，只要还在使用的解决方案，背后一定有一个被解决或解决不好的问题，研究它们，自然能够挖掘出真实存在的问题。

而我观察到我们很多人的方案更多还是与使用者们直接沟通，问他们有什么问题，感觉怎样，而对现有的解决方案并不敏感。并不是说这种直接沟通不重要，而在于对于现有解决方案的了解有助于理解用户当前真正的需要，有意思的是，用户大部分情况会因为习以为常而忘记他周围常用的工具到底解决什么问题。

因为时间有限，我观察了一个使用者身边现有的一些解决方案，注意，这些都是观察结果，要做的只是忠实记录，而不是做判断。

如果时间充裕，我们应该对使用者周围所有用到的解决方案进行一个完整的分析，分析结果应该包含每个解决方案应该解决的问题，有什么使用困难（改进点），各个解决方案之间有没有联系（创新点）等。

这个解决方案图谱完成之后，相信你就会对目标用户有一个完整的认识，当然，了解解决方案的最佳方式是亲自体验。

（4）还没想清楚为什么这样，就开始想为什么不那样

我看到最严重的问题是对解决方案的痴迷。在我看来，有创造力的含义是发现和定义一个用户真实存在问题，甚至不是解决了这个问题——发现和定义问题是一切设计的核心，当你发现了问题，最有本事的事情是用一个现有的东西去解决而非重新创造。

这种痴迷体现在还没想清楚为什么是现在这个样子，就开始想为什么不那样。

这件事的核心在于还没确定这是个问题就开始尝试解决问题，那么在我看来，这是承担巨大假设风险的。在进入解决方案的讨论前，应该明确的是两个问题：一是这是不是一个问题？二这个问题是不是我们应该最先解决的？如果这两个问题没有被很好地回答，除非运气极好，最后的结果无非是解决了一个根本不是问题的问题，或者解决了不该现在解决的问题。

（5）不愿意做小

很多人热衷于颠覆性的设计，而不愿意做小的改进，把创造等同于创意。我对这个问题的理解是，当你没有很好定义出典型用户、场景和它们在场景中遇到的具体问题，而是用一个宽泛的断言代替设计方向，那么设计就会变得巨大。

如果你的设计挑战是如何让老人变得快乐，你的设计很可能变得漫无边际；而如果你的设计挑战是如何让在中山公园组织老人活动的老王更好地宣传他们的社团使得更多人参加，你的设计就可能变得实际和具体。

也许有人说，那么你设计的东西就会变得狭隘，这是限制创新，其实并不是，当你深入到老人的情境中，梳理出更多基于真实故事的设计挑战，例如：如何让老人院的张爷爷记住自己喜欢的电视节目；如何让他锻炼自己的手指头；如何鼓励中山公园的社团参与者更多资助社团活动，

等等，这一系列小的设计挑战被解决以后，自然是整个体验的提升，自然是一件大的事情。

体验设计中把设计环节需要的心智模型（mentality）定义为“可实现”（rationality），而把发现问题环节定义为“创造力”（creativity）确实不无道理，创造力应该体现在发现具体问题并转化成具体设计挑战的过程中，而设计过程应是切中要害，最忌天马行空，没有商业和技术支持的设计不产生任何价值。

（6）说多不如画多

在表达解决方案的时候，我仿佛回到了H公司的需求讨论现场，要么所有人都在说，要么只听一个人说，其他人不敢说，没有人使用任何可视化的工具引导讨论，后来我画了几张关于解决方案的草图才让无休止的讨论回到正轨。

这就是为什么我们更注重视觉引导的能力——如果可能事先把设计过程的框架用视觉化的方式搭建好；尽可能地使用白板，持续不断地把已经达成一致的东西写在白板上；更好使用贴纸的颜色，及时对信息进行组织和验证；对同一个设计挑战分组进行草图设计并展示，避免设计被那些口才好、强势、有气场的人绑架。

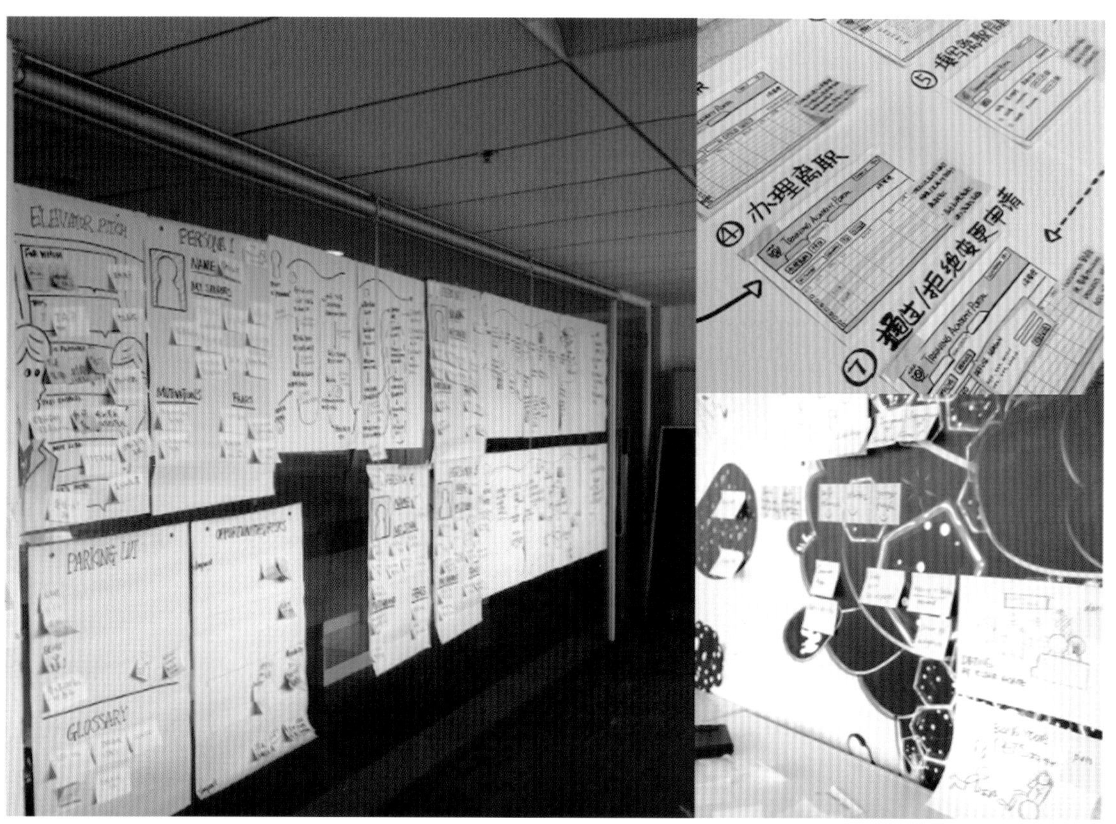

图中右下角是故事板，添加了一些草图后使得沟通更加有效率，其他两幅图展示了我们做workshop的时候推崇的过程可视化的场景，大量使用草图、白板，并随时将过程产物贴在墙上。

第二节////概念——主导概念的引入

室内设计空间形象的表达来自于设计者头脑中的概念，这种概念体现于视觉形象的创造，“视觉形象永远不是对于感性材料的机械复制，而是对现实的一种创造性把握，它把握到的形象是含有丰富的想象性、创造性、敏锐性的美的形象。”

面对一项设计任务应该如何切入？这是初学者接触专业设计时频度最高的问题。毋庸置疑，主导概念的引入是关键的一环。所谓专业设计的主导概念，无非是室内空间形象的构思，也可以说是确立设计构思主题。意在笔先或笔意同步，立意与表达并重。意在笔先原指创作绘画时必须先有立意，即深思熟虑，有了“想法”后再动笔，也就是说设计的构思、立意至关重要。可以说，一项设计，没有立意就等于没有“灵魂”，设计的难度也往往在于要有一个好的构思。具体设计时意在笔先固然好，但是一个较为成熟的构思，往往需要足够的信息量，有商讨和思考的时间，因此也可以边动笔边构思，即所谓笔意同步，在设计前期和出方案过程中使立意、构思逐步明确，但关键仍然是要有一个好的构思。

室内的空间形象构思是体现审美意识表达空间艺术创造的主要内容，是概念设计阶段与平面功能布局设计相辅相成的另一翼。由于室内是一个由界面围合而成相对封闭的空间虚拟形态，空间形象构思的着眼点应主要放在空间虚拟形体的塑造上，同时注意协调由建筑构件、界面装修、陈设设计、采光照明所构成的空间总体艺术气氛。

项目名称：TREE Restaurant
坐落地点：Sydney，Australia
项目面积：198平方米
设计公司：Koichi Takada Architects
主设计师：Koichi Takada 高田宏一
设计时间：June 2nd，2011
项目性质：餐厅

建筑师Koichi Takada设计了这个位于悉尼附近的树餐厅，其中有一个百叶的木材矗立在餐厅的中间。在这个树餐厅里，就餐者是从输送带上传来的寿司来用餐的。

设计师提出一个餐饮空间设计概念，再现樱花盛开的日本传统节日里人们赏花——在樱花树下社交聚会，庆祝春天的到来。这个概念不仅代表了日本美食的服务，也希望捕获一个象征人们聚集的吃饭地方在一棵大树下。设计希望效仿创建一个树冠，并有树的枝杈的感观，将回转寿司餐厅转换为一个更趋向自然的地方。灯光通过木材分支之间的过滤形成斑驳的光线，模仿自然阳光的不规则性如同在树影下。

树的概念通过象征性提高了空间品质，“树枝”一直延伸到周边，覆盖了就餐区和员工区。木材的切割通过细节设计及数控技术，增加加工准确性，最大限度地减少浪费。同时木材给室内带来温暖，各个界面呈现出美丽的纹理，这些概念元素都突出了中央树下的回转寿司。

一、项目分析与调查研究

主导概念的引入就像是确立一篇文章的主题。文学家写一部小说必须有生活的积累，在掌握大量的素材之后才能开始动笔。室内设计的项目在确立主导概念之前当然也需要做深入的项目分析与调查研究。调查研究不细，分析也就不可能深入。正确的主导概念是建立在缜密的项目分析与细致的调查研究之上的。

每一项室内设计，根据其空间类型和使用功能，可以从不同的构思概念进入设计。虽然条条道路都可能到达目的地，但如何选取最佳方案，则是颇费脑筋的。因此在正式进入设计角色之前，一定首先要明确设计任务的要求。对设计项目深入认真地分析，往往会使设计取得成功，达到事半功倍的效果。

设计项目的任务分析，主要从以下方面进行：

（1）用户的功能需求分析：各部门的功能关系；各房间所占面积；使用人数及人流出入情况；喜欢何种风格；希望达到的艺术效果等。

（2）预算情况分析：用拟投入的资金情况，标准定位。

（3）环境系统情况分析：建筑所处的位置及环境特点，会对室内产生何种影响；拟采用的人工环境系统及设备情况。

（4）可能采用的设计语汇分析：建筑功能所体现的性格，庄严、雄伟还是轻巧、活泼；采用何种立面构图等。

（5）材料市场情况分析：当时当地的材料种类与价格；材料的市场流通与流行；拟选用的色彩、质地、图案与相应材料的可行程度。

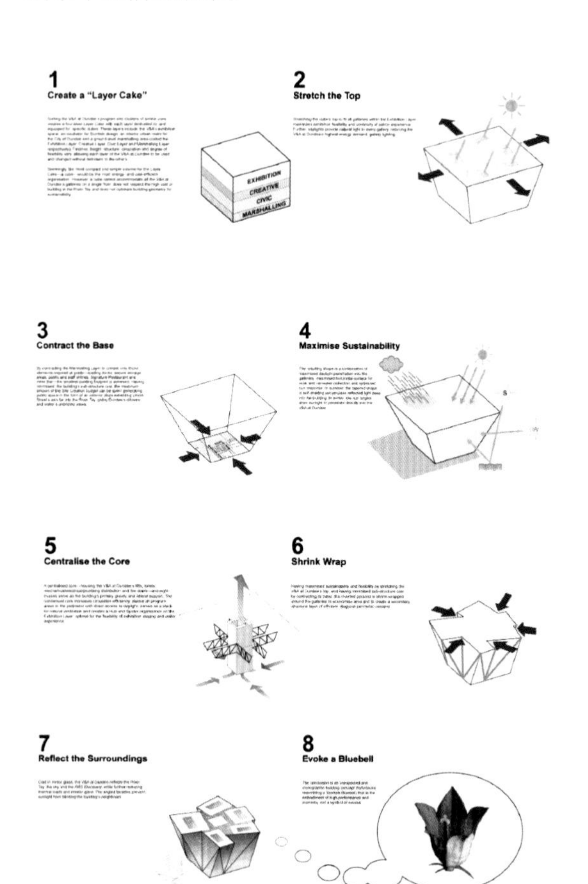

这是维多利亚&阿尔伯特博物馆邓迪分馆(Victoria & Albert Museum in Dundee)竞赛6个入围方案之一。
倒金字塔的形状为博物馆的可持续性提供了很多好处。
图中1体现了用户的功能需求分析，博物馆每层的功能就像层叠的蛋糕那样清晰，每个楼层都提供不同的目的。底层是公共厅，第二层是公民层，第三层是工作室，管理区，设备区。最上面是展区。展区最需要空间，因此被安置在扩大的顶部上。
图中2～5体现了建筑环境系统情况分析，画廊和展览空间在建筑的顶部，可以从天窗获得最佳自然采光。夏季形成的巨大阴影减少建筑的冷气使用。冬季低角度阳光又能进入大楼两侧。宽大的屋顶也提供更多的雨水和太阳能收集。服务间、洗手间、电梯、空调系统都集中在一起，有效提高楼面使用率。底层占地面积较小，因此让出一个面积更大的公共广场。
图中6～8体现了可能采用的设计语汇分析，REX设计的“风铃草”建筑就像宝石一样，还能映射出周围城市环境和河道的景象。

地点：柬埔寨

功能：职业培训和小企业中心

建筑面积：200平方米

工程造价：15 000美元

主要材料：手工制作的晒土块

完成：2004/2011

图中体现了材料市场情况分析在建筑中的作用，Sra Pou社区是柬埔寨一个贫穷的社区，在城市周围的农村，他们缺乏基本的基础设施、良好的建筑环境和安全的收入。这所学校就采用柬埔寨当地泥土手工制作的晒土块建成。学校的建筑完全由当地材料和当地劳动力完成，目的是教人们如何做出最容易获得的材料，以便他们在未来为自己的房子可以应用相同的施工技术，同时也大大降低了工程造价。小缺口砌砖让柔和的自然光线和微风流过，色彩丰富如工艺品般编织的百叶窗也是利用当地妇女的手工植物编织技术完成，会在教学区的地上形成美丽的栅格影子。

设计项目的分析与调查研究的关系密不可分。调查研究主要从以下几方面进行：

（1）查阅收集相关项目的文献资料，了解有关的涉及原则，可以找到相关的理论作为指导，掌握同类空间的尺度比例关系、功能分区等。

（2）调查同类空间的使用情况，找出功能上存在的主要问题。

（3）广泛浏览古今中外优秀的作品实录，如有条件尽可能地参观，目的在于获取感性认识，了解实际使用中反馈的问题及设计经验，从而分析他人的成败得失。

（4）测绘关键性部件的尺寸，细心揣摩相关的细节处理手法，积累设计创作的词汇。

尽管如此，任何一个经验丰富的室内设计师，都不可能对所有室内类型中出现的问题了如指掌，因为空间环境的影响因素是很多的。同一类型的室内，会因各种具体条件的变化而有所不同。所以任何设计项目，任何设计阶段，调查研究都是必不可少的重要环节。

二、概念设计

主导概念的引入体现在技术上就是概念设计。实际上就是运用图形思维的方式，对设计项目的环境、功能、材料、风格，进行综合分析之后，所做的空间总体艺术形象构思设计。

作为表达室内空间形象构思的概念设计草图作业，自然是以徒手画的空间透视速写为主。这种速写应主要表现空间大的形体结构，也可以配合立面构图的速写，帮助设计者尽快确立完整的空间形象概念。空间形象构思的草图作业应尽可能从多方面入手，不可能指望在一张速写上解决全部问题，把海阔天空跳跃式的设想迅速地落实于纸面，才能从众多的图像对比中得出符合需要的构思。

不妨从以下方面打开思维的阀门进行空间形象构思的草图作业：

（1）空间形式；

（2）构图法则；

（3）意境联想；

（4）流行趋势；

（5）艺术风格；

（6）建筑构件；

（7）材料构成；

（8）装饰手法。

空间形象的构思是不受任何限制的，打开思路的方法莫过于空间形象构思的草图作业，当每一张草图呈现在面前的时候都可能触发新的灵感，抓住可能发展的每一个细节，变化发展绘制出下一张草图，如此往复直至达到满意的结果。

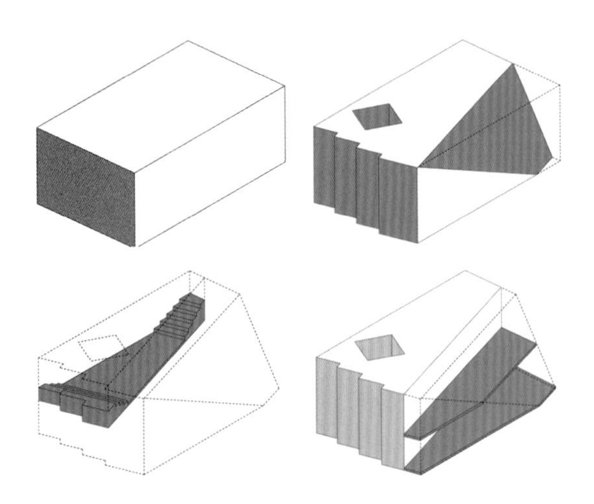

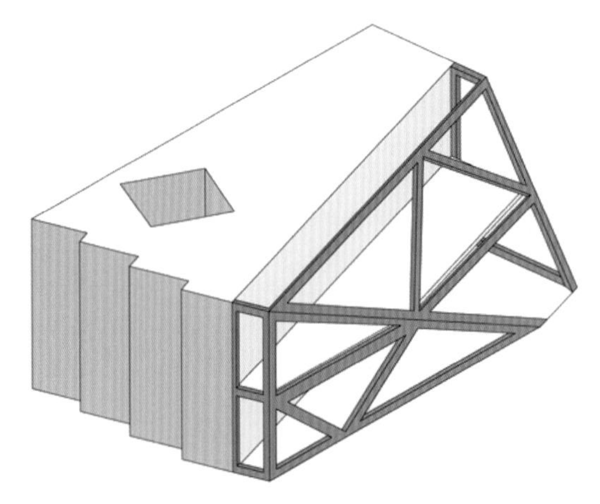

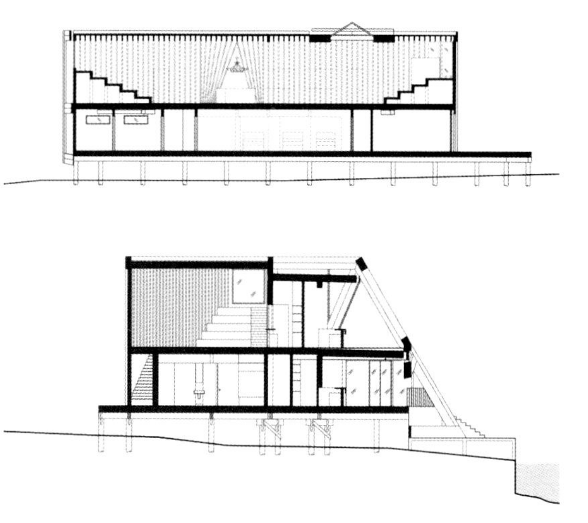

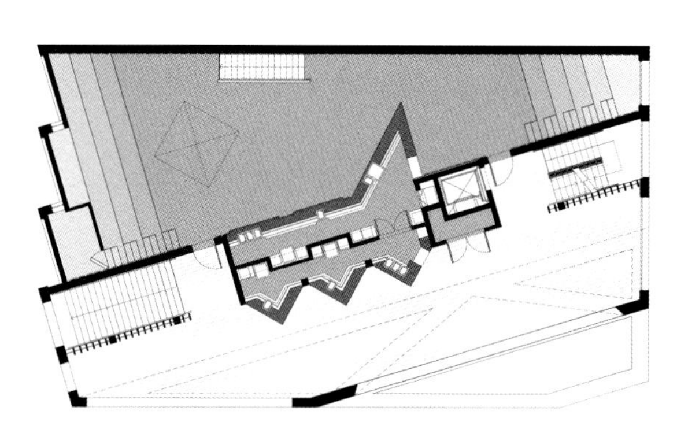

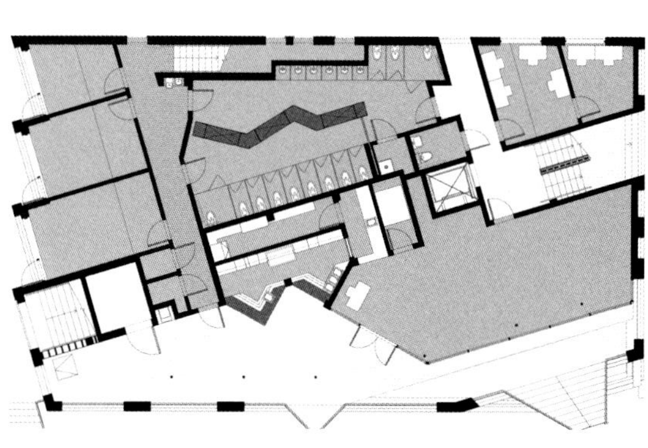

新火岛松木馆（New Fire Island Pines Pavilion），图中体现了该建筑的空间形成构思过程，从一个长方体通过切角、折线、拉伸等空间造型方式形成天井、阶梯、开放的三角形框架，使得这个两层的建筑功能空间更加丰富，封闭与半开放的空间塑造成为一个社区的日常的生活方式的载体。

1.使用功能的共性特征，就是设计中必须遵循的铁的定律。

空间的使用功能体现于人的生理和心理需求。表现在设计上，就是能够规范人的环境行为。而使用功能的共性特征，就是设计中必须遵循的铁的定律。使用功能的需求转换为设计要素，则集中体现于尺度和比例。

2.设计者只有掌握视觉的图形思维技巧，才能在原创表现的海洋中畅游。

艺术并不是一种不可捉摸的东西，就人的感官而言，视觉与艺术的关系已经是十分紧密了。视觉艺术的概念在于“视觉形象永远不是对于感性材料的机械复制，而是对现实的一种创造性把握，它把握到的形象是含有丰富的想象性、创造性、敏锐性的美的形象。”

在室内设计领域原创性的体现，完全是艺术的视觉显现，尽管装饰艺术的本质体现于四维时空，但视觉的作用在这里还是相当重要的，设计者只有掌握视觉的图形思维技巧，才能在艺术个性原创表现的海洋中畅游。

3.“欲望之美”和“情境之美”是装饰设计原创性定位选择的关键。

人类的环境行为最终受制于人脑支配的人类欲望：食欲、性欲、自我表现欲、求知欲、权力欲……表现于建筑环境，这种欲望转换为对于形体的视觉观感刺激。对于高大伟岸的建筑形体的追求，使得世界第一高楼的纪录被不断刷新。对于建筑界面时尚风格的追求，使得建筑装饰的装修周期被不断缩短。

然而有学者说：人类文明就是讲道德的人类欲望相加的总和，人类文明史就是人的欲望同道德相互冲突和协调的复杂历史。显然，脱离功能限定的“装饰”概念，泛艺术化倾向的“装饰”概念，都是人的欲望和道德相悖而需要协调的内容。这样的“美”的追求，不符合建筑装饰行业可持续发展的原则。满足人的这种“欲望之美”的追求，不应该成为建筑装饰设计的原创性定位。

室内装饰设计的工作者要明白“人们生活的目标是幸福，而不是财富，财富只是手段之一，人们生活幸福的程度也并不取决于财富的多少，而在很大程度上取决于生活信念、生活方式和生活环境之中的对比感受”的道理。而基于环境意识的设计审美恰恰符合这样的理念，因为“在环境欣赏中，视觉的和形式的因素不再占主要地位，而价值的体验是至关重要的”。这是由于在“日常生活中我们进行的一切活动，不管是否意识和注意到，它们都进入我们的感知体验并且成为我们的生活环境”。这就是体现“情境之美”设计的原创性定位的本质内容。

4.空间形态的视觉表现不是设计原创的目的。

一般来讲，室内装饰设计者的设计概念，总是从平面开始，然后走向立体，最后才能达到整体空间。作为一个设计者的设计历程：第一阶段往往摆脱不了墙面的束缚，总是希望在墙面上做许多文章，结果整体空间的效果很不理想；第二阶段能够从空间出发做整体的考虑，在空间的整体构图上做得比较到位，但可能因为构造的细节处理不周，陈设的风格不够匹配，依然不能感受到空间整体的魅力；第三阶段能够完全以人的空间体验作为设计的标准，不再拘泥于界面装修的限定，而是追求某种空间氛围的体现，从而达到建筑装饰设计的最高境界。只有到了这个阶段才能实现建筑装饰设计的原创。

空间形态的视觉表现只是一种技术的手段，而不是设计原创的目的。

5.只有从环境设计的概念出发，才能实现空间设计的原创。

环境是以场所的生活景观通过综合的感知体验反映其审美价值的。这种环境的感知体验，是在人的所有的感觉共同参与下形成的，涉及人的全部感官。也就是说环境的审美是动态中的人积极参与的结果，“环境的欣赏要求一种与人紧密结合的感知方式。”表现于设计的空间形态就是四维空间。四维空间实际是时空概念的组合，它的表象是由实体与虚空构成的时空总体感觉形象。环境设计时空的表象是由多种产品并置，相互影响、相互作用而产生的。在环境设计中空间的形态体现为时空的统一连续体，是由客观物质实体和虚无空间两种形态而存在，并通过主观的时间运动相融，从而实现其全部设计意义的。

只有从环境设计的概念出发，才能实现空间设计的原创。

第三节////构想——创造性想象

想象是人们头脑中通过形象化的概括作用而改造和重组旧有的意象，产生出新的形象的一种特殊的思维活动。想象是一种高级的认知心理过程，想象是创造性思维最主要的形式，它几乎表现在一切科学、艺术的创造活动之中，以至于我们可以说，没有想象就没有科学、艺术，就没有创造和发明。

在空间设计中，想象不仅离不开观察，也离不开构绘。因为思维的半成品和最终结果都需要通过构绘表达。

汉诺威2000年世博会，日本馆的设计别具一格，主要特点是在研究设计过程中吸收了日本传统住宅中的障子，即木格纸门窗的意匠。了解日本住宅建筑的人都知道，白天的自然光和黑夜的灯光，通过障子半透明的过滤或遮挡，会创造出不同的空间氛围。只有在生活中对障子细心观察过，并获得柔和、安谧的心理体验的人，才能在此基础上，将住宅建筑的要素，恰到好处地在公共建筑中加以运用。从另一方面来说，这一设计融合了人、自然和技术观念，但概念表达的基础是感知表象。作者发挥了感知审美的情感意境，重构了大型公共建筑的光环境，不仅充分体现了日本文化和环境风情，还达到了建筑建成后可以回收再利用的环保效果。在这一创作过程中，建筑师调动了记忆中的多种表象：既有感知对象直接反映在头脑中留下的感知表象，又有主体情感体验的心理意象，同时，又有渗透文化概念的抽象性意象。

一、想象

1. 想象的定义

想象是对表象和意象的自由加工。那么，什么是表象，什么是意象?

（1）表象（Representation）

表象是指曾经作用于人的具体事物被保留在头脑中，当该事物不在面前时所浮现的心理形象。表象是表征的一种。

依据表象产生的感觉通道，可分为视觉表象、听觉表象、运动表象等。根据表象产生的方式还可以将表象分为记忆表象和想象表象。

由于某种原因使经历过的事物的形象在意识中浮现出来，这事物的形象就是记忆表象。如去过天坛，看过祈年殿之后，头脑中还能回想起如海的松林，势接天地的大殿；而想象表象，是指记忆表象在人的头脑中经过加工重组之后产生的新的表象。这些新表象或者代表人们从未感知过的事物的形象，或者代表世界上根本不存在的事物形象。

表象属于客观事物的感性印象，具有直观性；表象一般说是多次知觉的结果，又具概括性；表象是感知过渡到思维的必要环节。

（2）意象（Image）

意象与表象类似，但又有不同。表象更为直接地依赖知觉。它是在知觉出现后，离开对象时立即产生的。表象的材料经过过滤可以成为意象材料的源泉之一。表象的瞬间性是意象所缺乏的。意象的长久性可以使它能发展，能与其他表象重新组合。即使在意象产生的短暂时间内，它也与表象有不同之处，意象是经过选择的。表象局限于直接知觉过的东西，意象的创造功能远比这广泛，它可以创造现实中没有见过的事物。

（3）想象（Imagination）

人在头脑里对记忆表象和意象进行分析综合、加工改造，从而形成新的形象的心理过程。它是思维的一种特殊形式，即通常所谓的形象思维。想象能使我们超越时间和空间的限制，凭表象之手去触摸感觉不到的世界。因此麦金农说："想象力是大于创造力的。"创造既需要想象力翱翔天空，又需要回到现实，脚踏实地地努力。

2. 想象的分类

按照主体的意识状态可以将想象分为无意想象与有意想象。

无意想象：指没有预定目的，在一定刺激影响下，不由自主地产生的想象。梦是无意想象的极端形式。

有意想象：指根据一定的目的，自觉地进行的想象。

按照想象所具有的创造性可将想象分为再造想象与创造想象。

再造想象：依据多次的描述或根据图样、模型、符号的示意在人脑中形成新形象的心理过程。如我们看地图时，可以根据地图的标志，再造出河流、湖泊、丘陵、高山、铁路、公路、建筑群等。

创造想象：指在活动中，根据一定的任务，以记忆表象作材料独立地进行分析综合、加工改造而创造出新的表象。创造想象是人类最高级的一种思维活动，科学上的创造发明和文艺创作，都离不开创造想象。

二、感知表象

想象力取决于存储表象的丰富和意象加工能力的水平，因此感知表象的调动至关重要。

1.贫乏的想象力与丰富的生活体验

美国德裔艺术心理学家鲁道夫·阿恩海姆20世纪50年代出版了《艺术与视知觉》一书，提出了"一切知觉中都包含着思维，一切推理中都包含着直觉，一切观测中都包含着创造"的重要思想。60年代末，阿恩海姆在其专著《视觉思维》

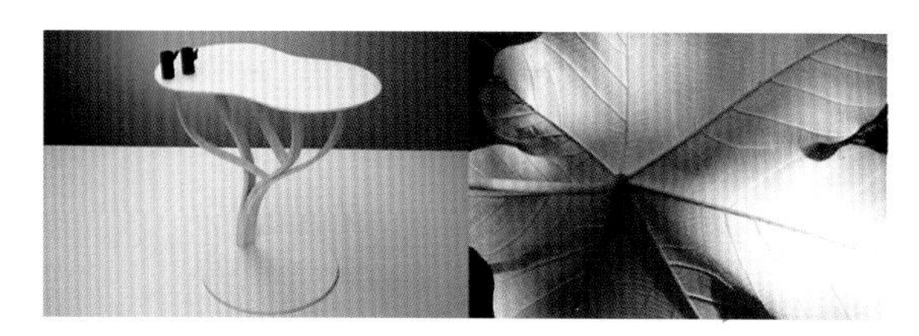

来自美国的Ilan Dei设计师工作室设计的树形的边桌（Tree桌）就是想象——利用原有表象形成新形象的思维过程的表现。据设计师介绍，美国加利福尼亚州有很多漂亮的树，那些树上生长出来的简单而美好的树枝剪影给了他们设计这款边桌的灵感。“我们习惯从自然界汲取灵感，并且喜欢用可丽耐材料来保存和定格生活中那些美妙的瞬间。”Tree桌妖娆的体态和纯净而美好的外在形象，毫不做作的从容形态，再现自然界的美感。

设计师通过想象将烟囱里冒出袅袅炊烟的表象形成新的烟灰缸的设计，再现乡村景致。

中第一次明确提出视觉思维的概念。美国心理学家麦金则是在接受了阿恩海姆的理论观点之后，正式使用此概念，并在理论基础上于斯坦福大学开设创造性思维训练课。

“如果让你闭上眼睛，想一下门是什么样的，你能想出多少种呢？”

“就是一个长方形的门，顶多上面镶嵌一块玻璃，有门把手，有碰锁。”

“还能想到什么样的门呢?”

“没有了。”

这就是麦金教授让学生练习时，大多数学生的回答。学生头脑中视觉形象的贫乏限制了学生的想象力和设计能力的发展。创造性设计需要在头脑中储藏丰富形象的基础上进行再加工。俗语说“巧妇难为无米之炊”就是这个道理。许多优秀的设计都体现了设计师创造性地运用生活中的经验积累，储存着丰厚的心理素材供想象驰骋。

以门为例， 作为最基本的建筑构件，连接建筑内外；作为最庄严的建筑形态，歌颂凯旋，对于寻常百姓来说，门关乎一家人的吉凶祸福……生活中用心观察、体验生活中的每一个细节，每一个场景，空间设计需要源自体验，享受“空间情节”，这种体验是生活的、艺术的。

“以身体之，以心验之”，即为体验。弗洛伊德认为，体验是一种瞬间的幻想：是对过去的回忆——对过去曾经实现的东西的追忆；也是对现在的感受——先前储存下来的意象显现；是对未来的期待——瞻望未来、创造美景，通过瞬间幻想来唤回过去的乐境，以便掩盖现实的焦虑。体验的原型应该是源于感性的，属于族类共同体的并且富于复现功能的原始模式，是一种集体无意识的具体表达。体验原型往往拥有在人类历史长河中不断演化、复现的功能。

空间体验行为绝大多数既是主体内部心理活动的结果，也是外部空间环境刺激的反应，二者是同一过程的两个不同环节或者方面，不是截然分开的。从空间意义的生成与审美价值取向来看，空间

古时，门是富贵贫贱，盛衰荣枯的象征

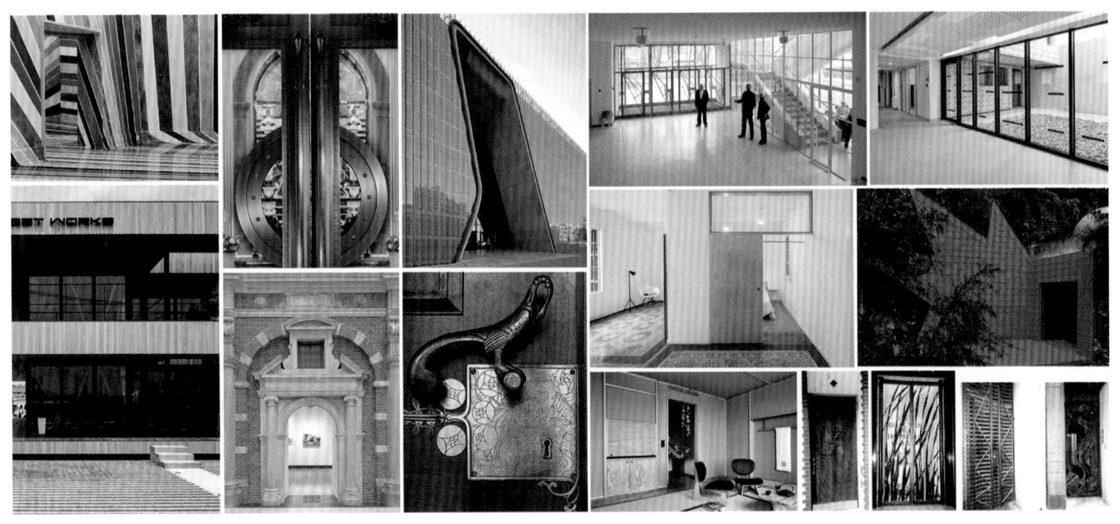

形形色色的门连接着不同的功能空间

体验既是一种空间审美价值实现的途径，也是一种空间意义与场所精神的“审美升华”，即填补创作主体与空间使用者之间的空白。

对于空间来说，这个体验主体包括两个方面，一方面是设计师，另一方面是使用者。为大众的未来生活与聚居空间构造最佳的关联是设计师的责任，并来引导使用者建立空间美学与场所意象。

人在进行空间体验时，也就是感悟现实生活中场所与场所之间、建筑与建筑之间、建筑与环境之间、场所与生活之间所存在的相互渗透、相互共生、彼此交感的结构秩序。

2. 无法替代的空间体验

想象所加工的表象包括视觉表象、听觉表象、触觉表象、嗅觉表象、味觉表象等。其中视觉表象约占80%。但是在设计中，其他感觉表象的调动和运用，同样具有重要意义。环境的创造不仅具有视觉的意义，还必然是给使用者丰富感知体验的空间。体验空间中的生活比空间更重要。正如日本建筑大师安藤忠雄先生所述，“通过自己的五官来体验空间，这一点比什么都重要，要进行有深度的思考过程，是与自己进行‘对话’交流的过程，在内与外、西方与东方、抽象与具象、单纯性与复杂性两性之间，渗入自己意志而升华……人体验生活感知传统的要素是在不知不觉中成为自己身体的一部分”。

生活体验的缺乏造成了想象力的匮乏。图像的清晰度再高也不过是虚拟的体验。只有走到现场去，才有可能得到气味、记忆、温度、湿度、气流和手感等伴随五官感觉的体验。因此，当今培养设计师这种想象力的最好方法就是去体验。人们将把更多的时间用于各种休闲活动，以便从各种不同的体验中再造自我。托夫勒直言，此时的艺术因自身的目的而产生体验，环境艺术家则变成了制造体验艺术的工程师。

我们的生活需要艺术体验，空间设计需要源自体验，需要面向体验，这种体验是生活的、艺术的。是一种无法让人替代的、令人愉快的、充满极强的艺术感染力的空间体验。

三、意象加工

1. 空间创作的启示

通过意向的加工在自然与生活体验中找到创造灵感，打破二元论，强调多元化共存共生，强调对话和相互间的交流。给予我们空间创作的启示：空间作品要成为激活一种场所感染力而存在的艺术作品，要注意多元化元素的共生，即此空间与彼空间、室内与室外、自然与人工、景观与城市的共存；互动的对话交流，即强调体验主体与空间、空间与自然、主体与自然间的交流；空间秩序的和谐统一。作为设计师，在空间创作中积极地寻求生活体验的灵感。

2. 意象加工的协调性

人体验空间的感受是多方面的，有时听觉和触觉，甚至嗅觉都会成为最主要的空间体验残留在记忆中，因此设计师在设计中充分考虑运用这些感知表象，创造的空间就会使人流连忘返。

在设计中寻求各种感觉表象、意象、内觉的统一十分重要。例如，建筑的视觉形象定位是崇拜和虚幻，那么建筑空间产生的听觉效果、触觉效果应与视觉统一，这样才会强化一种设计意念，而不是削弱它。哥特式教堂建筑的成功，其奥妙尽在其中，因此设计中各种意象加工的协调性非常重要。

德国柏林大学建筑学院曾让学生做一个这样的小设计：

小设计——夜园

第一步，思考感觉的变化。

A.视觉退居二线，白天的视觉与夜晚的视觉的不同；

B.其他感觉器官的体验成了中心：听觉、触觉、嗅觉；

C.对时间的主观感受与白天不同；

D.对空间，白天与晚上的感受也不同。

第二步，思考一下园是什么。

A.白天的园是什么。

白天的园反映了人的什么样的愿望和梦想。

这种愿望和梦想又是通过什么建筑语汇使游者得到体验的。

B.夜晚的园是什么。

人的感知系统的重点变化，时空感的变化，自然的光、影等气氛的变化，应有什么样的体察和感受。

第三步，通过各种感觉意象的加工，表达一种夜园概念。

学生的作品：

A.游园形式将夜间人时梦时醒对空间不同的感知这一过程空间化；

B.重点强调月光下的影子园；

C.只通过听觉和嗅觉来感知空间方位的夜园。

利用人夜晚时对微光和声音以及触觉的敏感，加上夜晚人对星空特殊的遐想和回归感，加强人与太空竖向的特殊关系，利用水、沙、植物、墙等元素不同的反光。

屈米曾提出“昼夜公园”的概念（如下图拉维莱特公园夜景Night atmosphere）。认为法国的公园只在白天开放，真正需要公园放松身心的工作人口没有时间使用公园。为此，应借助美丽的夜景吸引公众夜晚到公园中来。由此带来的人气又避免公园成为夜晚的犯罪多发地，起到改善社会治安的目的。

拉维莱特公园夜景Night atmosphere

四、情感体验

任何一种经过设计的物品都会透露出它所支持的心理以及道德态度的印记。任何设计以及作品对我们诉说的正是那种最合适于在它们中间或者围绕着它们展开的生活方式。它们告诉我们某些它们试图在其居住者身上鼓励并维持的情绪，它们在机械意义为我们提供庇护的场所的同时也发出一种希望我们成为特定的某种人的邀请。

设计在某些时候能够成为我们情感的代言人，我们要求设计表达出我们的情感感受，通常它都代表着一种容易辨别的话题，民主或贵族，开放或傲慢，欢迎或威胁，对未来的同情或对过往的渴望。设计之所以能够说话，部分是由于我们对于情感与细节的关联能力，一个人创造力的高低取决于他对自己所生存的世界体验的深刻程度。想象力是建立在丰富感受的基础之上的，而这种感受又来源于人们对精神与物质世界的积极而又理智的投入。

1. 情感体验与创造性想象

利用意象的加工，不仅能有助于我们发现问题和构思，还能帮助我们以感性的方法去想象人们在建成的建筑空间中将会有什么体验。这是一种预想，带着感觉的预想。即使视觉意象的调动和加工对于设计来说是主要的，也不能仅限于形态的塑造和色彩的运用，如光影的无穷变化往往带来细腻的情感变化和高级的审美体验。因为光带来的感觉不单纯是视觉的，还有触觉、温度觉，以及人类依赖太阳的天然感觉和文化崇拜。

以创造光影著称的法国建筑师保罗·安德鲁回顾走过的道路，认为在初期阶段一步步追寻的是自己直觉上感知的东西。他说：“我关注的是自然光在空间中的演出，关注溶解在光线中的结构形式。”

安藤在创造光之教堂时以其抽象的、肃然的、静寂的、纯粹的、几何学的空间创造，让人类精神找到了栖息之所。

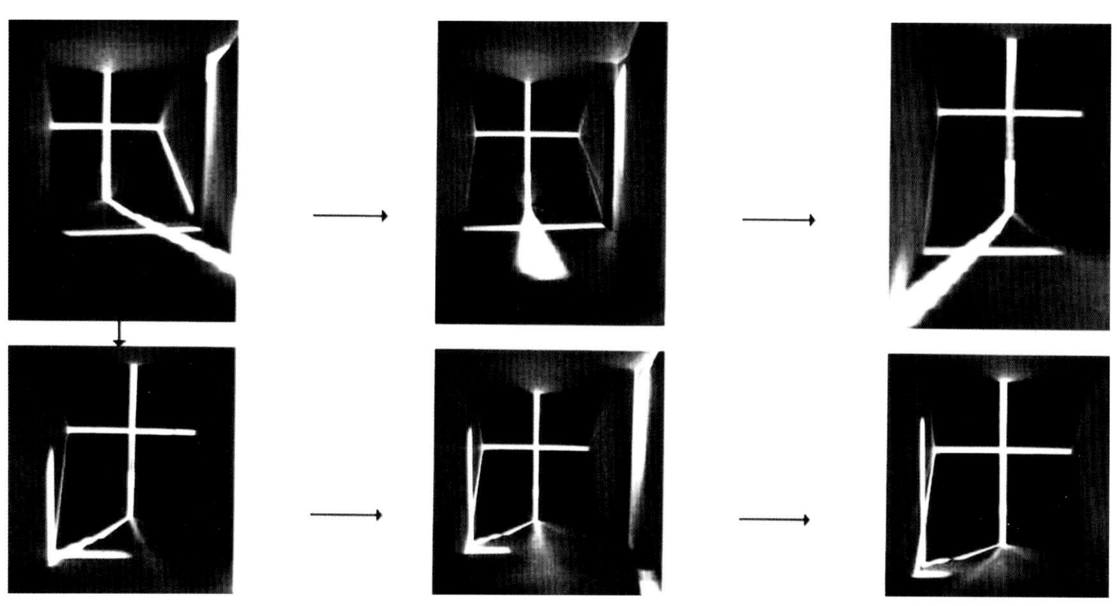

安藤忠雄光之教堂，阳光在地板上投射出的线性图案以及不断移动的十字架光影表达了人与自然的纯净关系。

安藤忠雄光之教堂中的过渡空间

安藤忠雄光之教堂中视觉上飘浮着的素混凝土墙体

安藤忠雄光之教堂二期从二层看的室内场景

安藤忠雄光之教堂中连接一、二期两个入口之间的雨篷和坐椅

安藤忠雄光之教堂二期从一层看的室内场景

安藤忠雄光之教堂室内场景，墙面上巨大尺度的光十字。在这个空间中，因为开口的地方很少，光线在黑暗的背景衬托下变得明亮异常。在这种强烈的对比之下，那光十字对人来说就有着强大的吸引力。用朴素的建筑语言（黑暗、封闭、混凝土、光十字），在表现黑暗与光明的碰撞与对比中，激发人类情感的共鸣，从而达到特殊的艺术魅力。

安藤忠雄光之教堂中墙体互相穿插，留下缝隙让光“泻”于墙面，漫反射整个空间。

2. 情感意象加工与文化认同感

任何地方的建筑风格和特征，都是由当地的自然条件（气候、地形、土壤、植被等）和历史条件（文化传统、风俗习惯等）所共同塑造形成的，人在自然环境和社会环境中生活，感受了阳光、风、雨、雪、月的拂面，也承受了家族故事和城市历史的凝重，设计师把这些感知、情感、意象巧妙地揉在一起创造的新空间，与当地的自然人文环境相协调，使人唤起往年的情结，产生文化认同感和心理归属感。

墨西哥著名的景观建筑师路易斯·巴拉干说："我相信有情感的建筑。'建筑'的生命就是它的美。这对人类是很重要的。对一个问题如果有许多解决方法，其中的那种给使用者传达美和情感的就是建筑。"巴拉干设计的景观、建筑、雕塑等作品都拥有着一种富含诗意的精神品质。他作品中的美来自于对生活的热爱与体验，来自于童年时在墨西哥乡村接近自然的环境中成长的梦想，来自心灵深处对美的追求与向往。在巴拉干游历欧洲的时候，曾深深地被摩洛哥那种独特的地中海式气候下浓烈的色彩风格所打动。他发现这里的气候与风景是那么的和谐。在回到墨西哥之后，他便开始关注墨西哥民居中绚烂的色彩，并将其运用到自己的众多作品当中。这些色彩来自于墨西哥传统而纯净的色彩。"这种彩色的涂料并非来自于现代的涂料，而是墨西哥市场上到处可见的自然成分染料。这种染料是用花粉和蜗牛壳粉混合以后制成的，常年不会褪色。你可以看出他常用那种粉红色的墙，其实边上经常有一丛繁盛的同样颜色的花木。这是墨西哥的国花，墙的颜色就来自这些花。"他认为童年的回忆是他创作的源泉和无尽的资源。童年时生活的村庄中那些谦逊的建筑形态给了他许多的启发，例如，那些用石灰水刷白的围墙，宁静的天井与果园，色彩丰富的街道，村里在环廊掩映下毫无威严感的广场。这些丰富了他对建筑简洁之美的体验。他一直十分怀念自己童年的生活，他认为艺术家过去的经历往往是其创作灵感的主要源泉，设计师不应该忽略这一点。

路易斯·巴拉干 安东尼奥住宅
庭院里的水，光与植物的交错与和谐都表达着作者对生活的细致体验与对平和静谧景观的追求。

路易斯·巴拉干 天主教圣礼教堂

路易斯·巴拉干喜欢运用拥有浓烈色彩的墙，并尝试不断改变墙的颜色。这种鲜艳的色彩和墨西哥本地的气候十分和谐。

路易斯·巴拉干的绘画中充满浓烈的色彩

五、超越时间和空间

通过想象发现人类的潜意识心理，大胆放弃逻辑、有序的经验记忆为基础的现实形象，而呈现人的深层心理中的形象世界，尝试将现实观念与本能、潜意识与梦的经验相融合。幻想是人类最大胆的想象。幻想能超越时间和空间的局限，能打破物种之间的界限，淋漓尽致地表达人的主观意愿。在思考的某个阶段，设计师可以把任何要素放进大脑，随意地进行重新组合和变化，尝试着它会出现什么，思索它变化的原因。

1. 梦、幻觉、幻想力与建筑

在梦中和无意识状态下的表象加工，与有意识状态下产生的体验和清晰的表象加工是不同的。这两种状态下的表象加工都可能产生创造。无意识状态下的表象加工是释放潜意识，产生灵感和顿悟的极好机会。因此，人在梦中的想象是最大胆的。有人曾对想不出方案的建筑师开玩笑说：“让我们做梦吧。”

1995年落成的侯赛因—多西画廊（Husain-DoshiGufa），是一座具有表现主义倾向的龟形建筑，采用鼓起的壳体结构，类似印度传统宗教建筑湿婆神龛的穹顶，它让人联想到洞穴、山体、乳房及佛教的窣堵坡、支提窟和毗诃罗，碎瓷片的屋面做法被延续，室内支撑屋顶的柱列引发人们对森林的联想。多西称这个设计的灵感来自一个梦的启示，作为毗湿奴化身的龟神对他设计画廊的启示：只有把形式、空间和结构融为一体，才能创造出有生命力的建筑。

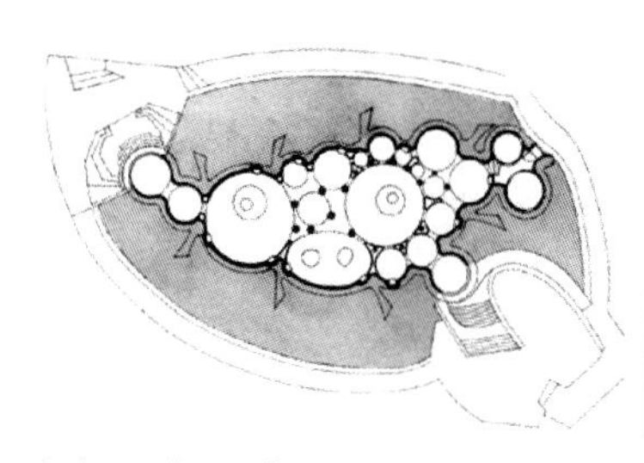
侯赛因—多西画廊（Husain–DoshiGufa）平面图

侯赛因—多西画廊（Husain–DoshiGufa）

侯赛因—多西画廊（Husain–DoshiGufa）室内

侯赛因—多西画廊（Husain–DoshiGufa）入口

六、联想——拓展性思维的有效方法

联想——点燃灵感的火花；想象——通往创新的桥梁。

知识是无限的，但创作者个人所掌握的知识是有限的。仅就室内设计创作而言，设计者所掌握的专业与横向知识也是有限和窄小的。但客观存在的创作对象却是千变万化、千差万别。仅从一个简单室内空间设计来说，就涉及建筑结构、环境、技术等一系列问题。

设计又要求创新、要求个性，这岂不难坏了设计师。所幸，人的大脑活动有联想，有想象。可以认为：联想是由甲想到乙，由白想到黑；想象是由甲想到白，由白想到乙。

形象地说，联想是思维的横向或纵向的直线运动，从已知到已知；想象是思维的纵横联通的网状运动，从已知到新知。

设计师所掌握的知识好像是一个个孤立的点。通过联想，就会由一个点的知识发展为由点构成的串。从理论上说，是无限地延长了这个点。

通过想象，就会由一个点的知识发展为纵横双向的网。无限想象就是向纵横双向发展无限个新点，这新点不是原点的延续，而是有原点基因的一个个新“生命”，是创造。从理论上说，想象也是无限的。

由此可见，作为从事创作的设计师培养自己想象与联想能力的重要性和必要性。因为有了丰富的想象与联想能力，有如自己掌握的有限知识长上了翅膀，可以帮助你在创作的天空中翱翔。可以说联想是点燃灵感的火花，想象是通往创新的桥梁。没有想象力的创作必然是平庸之作，而缺乏想象力的设计师也很难产生佳作。

右面三幅图为2005世博会中国馆，中心部位就是生命之树，利用仿生学，模仿自然界水珠悠然溅起的瞬间形态和植物叶脉舒展生长时的姿态，加以抽象的艺术化处理，并部分地使用了宣纸，这既暗示了中国书法艺术的载体，同时令造型更具质感。在生命树下的中央舞台上，以特效灯光映照着虚拟的光柱水滴，映射出日夜交替的梦幻景观。

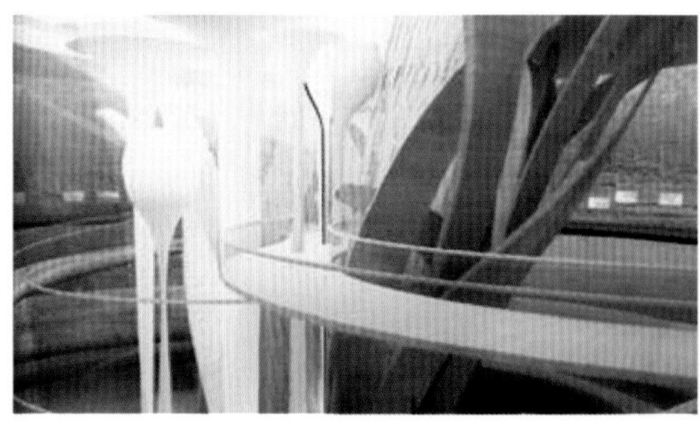

2005世博会中国馆

2005世博会中国馆

2005世博会中国馆

苏必利尔湖公园游客中心大厅的中心部分有一个按照Gargantau灯塔制作的模型，尺寸是原来的1/3，体现“船骸及灾难”的展出主题。这就是从室内设计师的记忆库中提取可以借鉴参考的“相似”形象，与室内设计具体目标联系起来，并加以灵活运用。

苏必利尔湖公园游客中心

需要切记的是，室内设计创作有别于其他艺术创作，在文艺创作中可以有“戏说”，而室内设计是消耗巨大物质与人力的社会产物，是供给他人使用与观赏的，故在进行室内设计创作构思、联想、想象时，绝不能天马行空，更不能胡思乱想，要防止不切实际的和可能带来其他方面缺陷或后遗症的异想天开。当然，也不宜以室内创作的条条框框作为不可更改的“紧箍咒”，因为这样又会禁锢想象力与创造力。对室内创作来说，这又需要辩证地思考与处理这个问题。

大科学家牛顿看到苹果从树上掉下，由此产生联想，由联想引爆灵感，创造了“万有引力”定律；瓦特看到水壶里的水烧开时将壶盖顶起，由此产生联想，由联想点燃了灵感，发明了造福人类的蒸汽机。

看到从树上掉下苹果，这是生活。牛顿没有这个生活，就不会因此而产生联想，没有这个联想就创造不出“万有引力”定律。看到水开了，蒸汽产生的力量顶起壶盖，这也是生活。瓦特没有这个生活，就不会因此而产生联想，没有这个联想就发明不了蒸汽机。

从以上众所周知的两例，我们不难理解联想与生活（含知识）的关系，联想与创造的关系。其他领域如此，室内设计创作亦然。

贝聿铭先生创作的“滋贺县Miho美术馆”。

Miho美术馆建于日本关西滋贺县甲贺郡的信乐国家自然公园内，周围山峦起伏，丛林密布。贝聿铭观察了用地，在这自然、清幽的环境中，构思着这项设计的理念。突然脑际中闪现出陶渊明的《桃花源记》，这一联想促使贝先生产生美术馆设计要创造“世外桃源”意境的理念。

晋人陶渊明所作的《桃花源记》一文是贝先生所具有的横向知识（也可理解为生活），贝先生观察了这一山林景色，引起了昔日读过的《桃花源记》的联想，这一联想又与美术馆设计联系起来，于是确定了美术馆的设计理念。

从这一实例我们不难体会：

创作者过去没有《桃花源记》的知识（或生活），就不可能产生有关“世外桃源”的联想；没有《桃花源记》引发的联想，当然也就不可能建构Miho美术馆“世外桃源”的设计理念。

从这一实例我们可以比较真实地理解生活（或知识）与联想的关系，生活（或知识）与灵感的关系，生活（或知识）与理念（或创意）的关系。以上关系实际上可以说是一种因果关系。

上海东方艺术中心，树的生长中褶皱的理念贯穿始终。树桩的构思源—树皮深深的褶痕—来源于树的生长与褶皱联想的三座大厅。

上海东方艺术中心

内墙采用褐、红、黄、灰的各色砖，由下往上颜色逐渐变浅，与天空融为一体。陶表面的粗糙反光，再加上自然的釉变和龟裂的花纹，使墙面呈现犹如树皮褶皱的质感。

上海东方艺术中心内墙

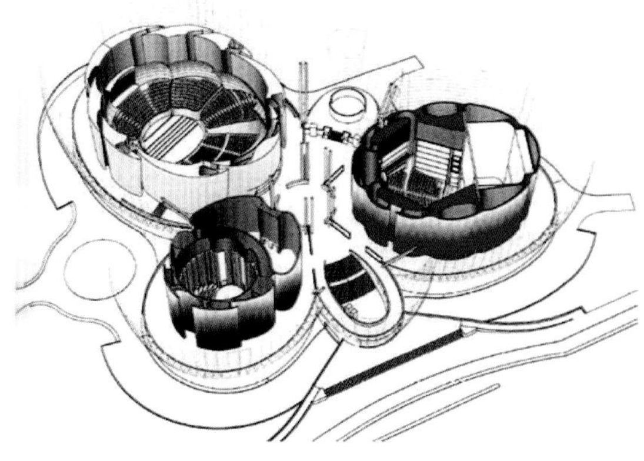

上海东方艺术中心

上海东方艺术中心内墙

下面是一个学生的毕业设计：多功能博物馆（MU-MUSEUM）的设计灵感最初来源于电子显微镜下的细胞、藻类、寄生虫的肌理。电子显微镜让我们进入一个自然形体、结构和肌理全新的世界，为我的设计带来了许多灵感。细胞分裂过程中的空间序列是很有趣的，发生在我们身边，甚至肉体当中，遥远而又近在咫尺，这是出于一种对生物形体最基本元素的一种尊敬。

入口（Entrance）：是通向微生物区的室内入口，由四根不规则的柱体支撑，其形态是在电子显微镜下兔子耳朵上的虱子的前腿得到的启发，柱体上端直接延伸到室外大门的结构上，使室外到室内有了一定的向导性。进入大门右侧有一个快捷通道，通往“红色通道”期间的左右墙体上有很多放大100倍的微观形态的模型。

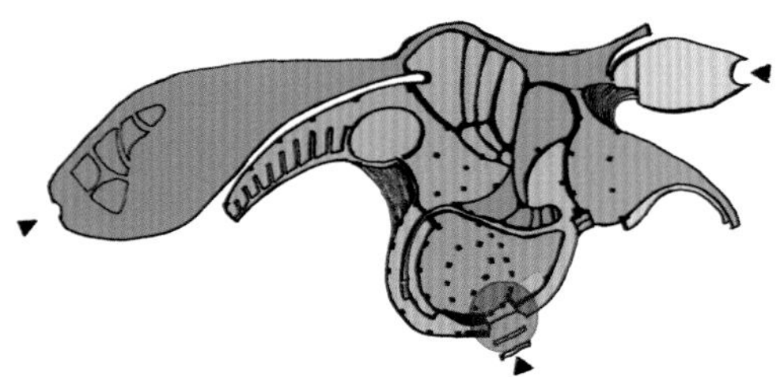

学生作品（大连工业大学艺术设计学院学生 薛楠）为微生物展区入口（Microorganism—Entrance）。

学生作品

微生物展区（Microorganism）：主要展出微观世界的形态，以及微观形态所衍生的各种设计领域的作品。二层以上是一个巨大的细胞形的游离建筑，好似一个正在分裂的细胞，底下支撑的柱体好似被分裂运动所撕裂的细胞膜，这样在平面与立面上也得到了有机的整合，整个区域用柱网支撑，除入口区两侧外几乎没有墙体，使得空间相互融合性、连续性得到了加强。

学生作品

红色通道（Red Chunnel）：在通向艺术区的通道上侧与地面为红色，两侧墙面为浅绿色，为了强化红色，并没有减少绿色墙面的面积，而是将天花板部分一个平面的折成两个平面，使剖面为四方形的通道，变为一个不规则的五边形，这样有三个平面是红色，两个平面是绿色，面积几乎等同，但在心理上却暗示、强化了红色。

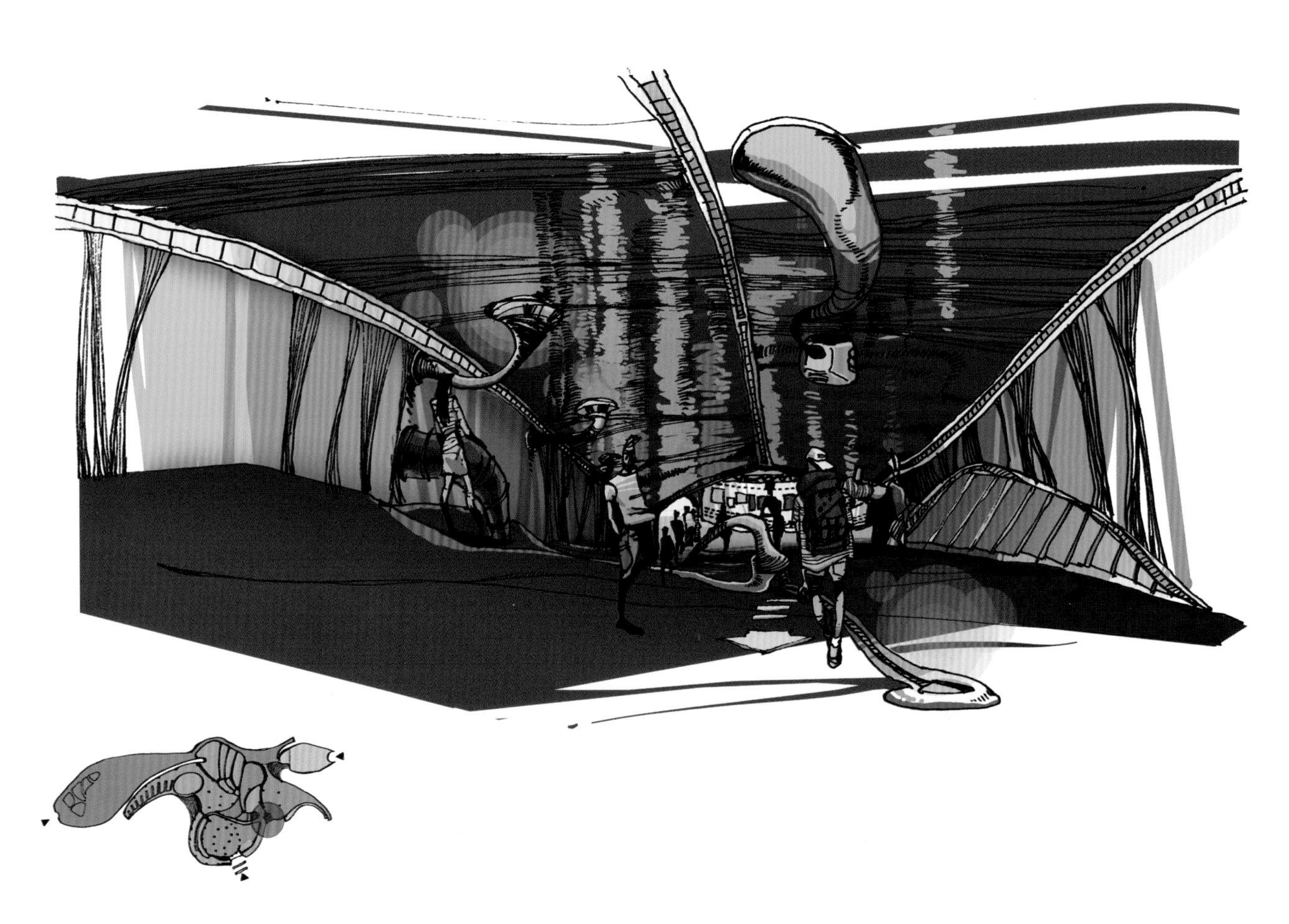

学生作品

建筑展区（Architecture）：整个展区采用多种试验性的建筑结构（木结构、纸结构、拉膜结构等）组成，也是一座临时建筑，随着建筑技术的发展，随时更新、拆除、重建并展示试验性建筑结构。

学生作品

植物展区（Plant）：是一个双层玻璃幕墙的空间，目的是调节室温，以供热带植物生长，内部种植大量濒危热带植物。

这些对自然界中的各种图案和形式的联想，使设计者产生了灵感思维。

学生作品

第四节////思维手段

所谓思维手段，是思维活动赖以进行的方式，是达到目的的方法。就设计师个人的思维手段而言，它是依赖思维器官（大脑）的大量信息储存和经验知识，按一定结构形式进行各种信息交流的思维方法。它在设计方法中占有重要的地位。即使在现代科学高度发展的今天，在计算机辅助设计日趋普及的前景下也没有别的手段能够替代。

设计师在运用思维进行设计时，主要依靠逻辑思维和形象思维两种方式。

一、逻辑思维

逻辑思维主要用于以下几个方面：

1．项目确定与目标选择。不同的项目其追求的目标不同是显而易见的，即使同一项目因处在不同场所，其目标选择也应体现它的特定性。

2．认识外部环境对设计的规定性。文化属性、价值观念、审美准则、人口构成等软环境以及自然条件、城市形态、基地状况等硬环境对设计的制约。

3．设计对象的内在要求与关系。熟知任务书、进行调查研究、寻找功能布局的内在逻辑与规律。

4．意志与观念的表现。确定构思与立意，寻找设计的主要思路与手段，这是意志与观念的突出反映，并贯穿于整个设计过程中。

5．技术手段的选择。任何一项设计都是以技术条件为实施前提，设计师应使技术手段和意志观念紧密结合，最终塑造出所追求的预期目标。

6．鉴定与反馈。整个设计过程在进行时是伴随着不断的信息反馈以鉴定、修正、完善前一设计工作的成果。即使工程完工也是通过鉴定与反馈为将来新的设计创作提供经验与教训。

总之，逻辑思维是运用分析、抽象、概括、比较、推理、综合等手段，强调设计对象的整体统一性和规律性，是一种理性的思考过程。

二、形象思维

形象思维是设计常用的思维手段，这是设计师通过二维图形的平、立、剖面来表达三维的形体与空间所决定的。因此，它应具有一种空间形象的想象力。

形象思维包括具象思维和抽象思维两种手法。都是设计师应具备的素质。

1．具象思维。具象是使喻示的概念直观化，即从概念到形象的直接转化。它能启迪人们的联想，产生与设计师设计意图的心理共鸣。例如萨里宁（EeroSaarinen）设计的纽约肯尼迪机场TWA候机楼，它像只苍鹰展翅欲飞，这种形象很容易引起人们对航空的联想。

2．抽象思维。抽象是隐喻非自身属性的抽象概念，它表现的是人们的感知与思维转化而成的一种精神上的含义，艺术设计所反映出来的也往往是这种抽象的精神概念。勒·柯布西埃（LeCorbusier）设计的朗香教堂是抽象思维的代表作，该建筑物的墙、屋顶都呈扭曲状，无规则的大小窗洞透进的星星点点之光造成光怪陆离的效果，犹如灵魂在闪现，一种神秘莫测的宗教气氛油然而生。

在设计过程中，一般来讲，常从逻辑思维入手，以摸清设计的主要问题，为设计思路打开通道。特别是对于功能性强、关系复杂的建筑尤其要搞清内外条件与要求。另一方面，有时却需要从形象思维入手，如一些纪念性强或对建筑形象要求高的建筑，需先有一个形象的构思，然后再处理好功能与形式的关系。但是，逻辑思维与形象思维并不是如此界限分明，而是常常交织在一起。在具体设计中，谁先谁后并不是问题的关键，重要的是要把两者统一起来进行。

三、创造性思维

创造性思维是设计思维中的高级而复杂的思维形态，它涉及社会科学、自然科学，也涉及人的复杂心理因素。所有这些客观要素和心理因素相互联系、相互诱发、相互促进，从而使设计的创造性思维构成一个独特的动态心理系统。它的形式主要呈现为发散性思维和收敛性思维。

1.发散性思维

发散性思维是一种不依常规、寻求变异，从多方面寻求答案的思维方式，它是创造性思维的中心环节，是探索最佳方案的必由之路。

发散性思维具有三个特征：

（1）流畅。指心智活动畅通少阻，灵敏、迅速，能在短时间内表达较多的概念和符号，是发散性思维量的指标。

（2）变通。指思考能随机应变，触类旁通，不局限于某个方面，不受消极定式的桎梏。

（3）独特。指从前所未有的新角度、新观点去认识事物、反映事物，对事物表现出超乎寻常的独到见解。

由于设计过程中的问题求解是多向量和不定性的，因此答案没有唯一解，这就需要设计师运用思维发散性原理，从若干试误性探索方案中寻求一个相对合理的答案。如果思维的发散量越大，即思想越活跃、思路越开阔，那么，有价值的答案出现的概率就越大，就越能导致问题求解的顺利实现。

上述思维发散“量”固然影响到问题答案的“质”。但是，思维发散方向却对创造性思维起着支配作用。因为，不同思考路线即不同思维发散方向会使求解结果在不同程度上出现质的变化，因而导致不同方案的产生。这种不同思维发散方向可归纳为以下三种情况：

（1）同向发散。即从已知设计条件出发，按大致定型的功能关系使思维轨迹沿着同一方向发散，发散的结果得出大同小异的若干方案。如赖特（Frank Lloyd Wright）在不同地点为不同业主设计的三幢住宅，虽然平面形式相似，房间的空间形态却各不相同，但是各房间的功能关系却是完全相同的。因此，从设计的本质特征看，三者同属于一种思维方向的结果，所不同的仅是表现形式有所差别而已。

（2）多向发散。即根据已知条件，从强调个别因素出发，使思维轨迹沿不同方向发散。发散结果会得出各具特色的方案。如1987年全国文化馆设计竞赛，同一设计条件下105件获奖作品都各具特色，显示出参赛者的思维发散是多向性的。他们各自强调方案与众不同的特点，大胆开拓思路，表达了各自对建筑与文化的不同理解、不同追求。方案采用集中式布局，利用“四大块”中间形成中庭茶座，突出体现南方县城特有的“闻鸡起舞、晶茗早茶、听书聊天”的文化情趣。方案采用定型单元进行设计，强调根据不同地形条件进行组合的灵活性。方案从平面布局到造型设计倾心追求民族风格的体现。三个获奖方案沿着三个方向进行思维发散，方案“质”的差别较为明显，体现了各自强烈的个性。

（3）逆向发散。即根据已知设计条件，打破习惯性思维方式，变顺理成章的“水平思考”为“反过来思考”，常常可以引导人们从事物的另一极端披露其本质，从而弥补单向思维的不足。这种思维发散的结果往往产生人们意料不到的特殊方案。例如设备管道，在绝大多数设计情况下，设计师的思考方式是利用管井、吊顶把它们掩藏起来。然而，皮阿诺（Renzo Piano）和罗杰斯（RichardRogers）设计的蓬皮杜艺术与文化中心却逆向思维，“翻肠倒肚”似的把琳琅满目的管道毫不掩饰地暴露在外，甚至用鲜艳夺目的色彩加以强调。这件作品一问世，立即引起人们惊叹。

2.收敛性思维

发散性思维是对求解途径的一种探索，而收敛性思维则是对求解答案做出的决策，属于逻辑推理范畴。它对发散性思维的若干思路以及所产生的方案进行分析、比较、评价、鉴别、综合，使思维相对收敛，有利于做出选择。当然，这两种创造性思维不是一次性完成的，往往要经过发散—收敛—再发散—再收敛，循环往复，直到问题得到圆满解决。这是设计创作思维活动的一条基本规律。

3.创造性思维障碍

在许多情况下，“思维定式”常常会成为创造性思维的桎梏。例如，红砖可以盖房子，这是一般人通常的思维方法。但是，如果思维仅限于红砖可以盖房子这种认识，那么就会使思维僵化。我们为什么不能认为红砖可以用来敲钉子，可以打狗呢?这种思考就突破了原有的“心理束缚”，创造性地把红砖的用途扩充到常规用途以外。设计师都希望自身具有创造性思维，但是，现实却令人遗憾。设计形式“千篇一律”的缘由是多方面的，设计师的创造性思维存在障碍也是重要的方面。这种障碍就是思维的僵化，反映在两个方面：一方面因经验而对事物的认识形成固定化，经验对于一个人的创作来说无疑是十分宝贵和重要的，但运用经验却不能一成不变，倘若设计师在解题过程中总是习惯地沿用以往的思维方法，必然会产生“先入为主”的思维定式。一旦如此，就会把经验变为框框，成为束缚自己发挥创造性思维的消极因素。另一方面是解决途径的单一化，认为要解决某种问题只有一种方法，即现成的方法。其实，有时第一种方法只不过是首先想到而已，若以此为满足，就会放弃对更好方法的探索。找到了妨碍创造性思维的症结，设计师就能在克服“思维定式”的桎梏后激发出无穷的创作力。

第五节 通过多向设题启发创意思维

创意性思维是每个有思维能力的人都具有的一种创造性潜能。但如何很好地认识与发挥自己的创意能力，是能否成为一个成功设计师的重要条件。

面对同样一个问题，是习惯于从一个起点上还是从多个起点上思考，反映着思路的形式是单一的还是多向的。在思路形式上，多向思路能基于主题内容的整体构成设定各个思路点，然后逐个思索击破。建立多条想象思路，无论对任何问题，都要习惯于从基本构成上设定多个思考源点。思考源点越多，越具体，越能从问题的各个侧面延展出更大的思索空间。如果就一个问题只从单一的元素和某个形式上去思考，就等于用绳索把自己的大脑捆绑在一棵树上。建立更多的思考源点，努力从问题的多角度上寻找解决的方案，最终才能从各个源点延展出围裹问题点的思索网。

面对任何一个设计题目，不要只设定一种可能，不要只开辟一个途径，不要只求一个答案，要通过多向设题启发创意思维。例如：假题真做、真题假做、真题真做、假题假做、一题多做、多题一做、古题今做、今题古做、小题大做、大题小做等。

一、假题真做

拟设一定的前提条件，如拟定一处地形，在该地形上建造一所建筑，拟定一个室内空间做室内设计，这些前提条件都是虚假的，在这基础上做符合真实的设计条件要求的设计。这是在校课程练习和考试题目经常采用的方法。

二、真题假做

一种逆向思维方式，从事物构成的发展规律的反面进入并展开思索，用设问的思路重新审视和验证事物构成原理、现实状态和新构成。如：日常生活中会因某个室内设计的不合理提出异议，“如果这样改变设计就好了”，遇事常设问自己“这样可以吗？”这些最普通的逆向思维（假设）帮助我们更加清晰地重新审视设计。

三、真题真做

真题真做是比较普遍的途径，我们可以根据准备阶段收集到的大量资料进行分析，由此形成对建设项目总体上的认识，对所做项目做理智的研究，有针对性地提出所要达到的目标，进而提出有逻辑的设计方案。问题是如何在真实的设计题目中激发所有潜在的创作能力做出“与众不同”的设计来。在实际计工作中，真题真做也往往需要借鉴如“真题假做”等思维方式进行构思。

四、假题假做

一般来说，真题真做是在受到较多制约条件下产生的，也就是说，设计师受到的限制条件越多，他就越能理智地去发现问题，而这些问题也多成了易于确定的问题。对于那些未知的或难以确定的问题来说，它们所受到的制约则较少。这就要靠设计师的感性的力量。在自己选定的区域内建构心中的理想空间，对其空间形态、发展模式和有特点的标志性空间进行概念设计。这种设题方式具有开放性的特征，使得思维能在模糊和不确定中得到充分的开发，并始终保持有进一步发展的可能性。

假题假做，并不是随心所欲、完全偶然和随机的行为。只不过它更多地受到主体自身的观念、修养、知识结构及思维方式、方法等条件的影响。

空间实验室的概念设计

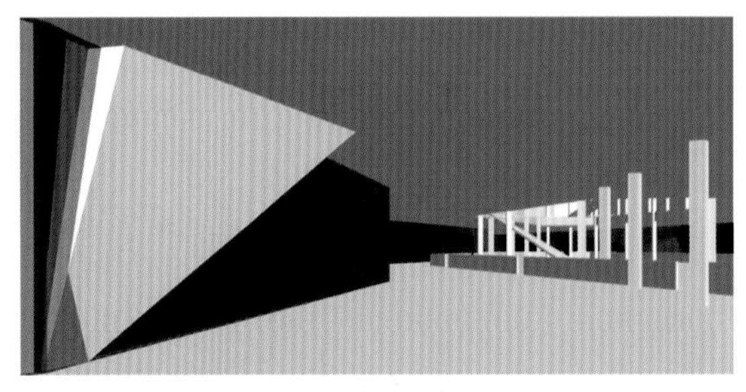

空间实验室的室内概念设计

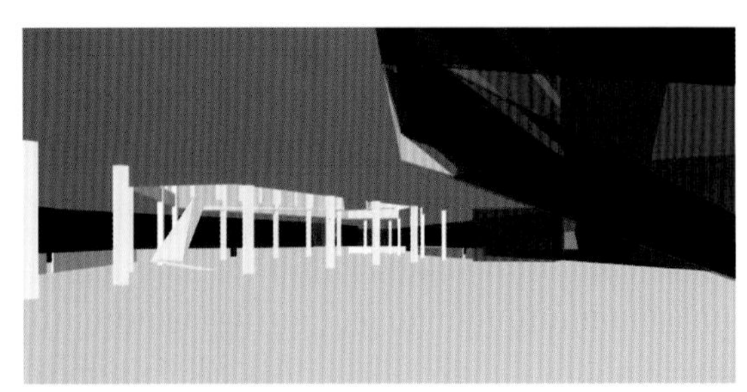

空间实验室的室内概念设计

五、一题多做

通过一题多做，能够开阔人的思路。有些题目，如果从不同的角度去分析，就会得到不同的解题方法，也就是说从多个角度去想就会有多种解法。这样做可以使思维更开阔，也能从中找到最佳的解题方法。

作者在日本考察时，特别选定了扶栏作为研究的设计项目之一。研究结果表明，扶栏作为一种常见的设计细节，虽然条件单一，但照样可以做出千百万种不同的设计方案来。

多样式门的设计

如上图，这四道门由左至右：1.在实心木门上刻上一些浮雕图案，有如一对相互交叠的涟漪。2.用铁皮造成草叶的样子，显得生机勃勃。3.乍看是一排普通铁板，但其实横条是弯曲的，而且门的开口不是垂直的，它那直和斜的铁管形状也有变化，犹如一个平时木讷的孩子，突然发出智慧的光辉。4.门的造型刚硬与轻柔并齐，平滑与峥嵘兼顾，设计人可谓创意迸发。很显然这四道门是为不同的室内空间设计的，你想必不会走错门。

六、多题一做

多题一做，即多样的统一。多样与统一是形式美的总法则，是形式法则的高级形式。多样统一是指形式组合的各部分之间要有一个共同的结构形式与节奏韵律，使整体既有变化与差异，又是一个统一的整体。

著名美学家费希诺指出："一个对象给人以快感，它就必须具有统一的多样性。"也就是说，在统一中有变化，在变化中求统一，具有多样统一的和谐美。

建筑内部空间本身就具有多样化的布局，设计师的重要职责是把那些不可避免的多元化空间的形状与样式组成协调统一的整体。

统一的形式美要注意两个方面，一是要有主次，安排好主体与从属部分的主次关系；二是构成内部空间的所有部分（色彩、材料、质地等），其形状和粗细，要经过主从关系得到协调。

楼内多个不同功能空间设计

图左上为会议室，木制嵌板天花板沿着空间的长度方向呈拱形。专门设计的半透明灯光产生了特殊的阴影效果。具有特色的铝框架透明喷沙玻璃隔断，满足了空间私密性和开放性的要求。鳍状的铝框架安装有射灯装置，左下为一层大厅，右为电梯厅。

楼内多个不同的功能空间里采用了体现新古典主义风格的各种材料——水磨石、铺地毯的地板、拉绒铝、磨砂玻璃、包括樱桃木在内的外国进口木材、桃花心木和胡桃木。

七、古题今做

对旧有建筑的室内空间进行改造，采用现代的元素、新材料、新技术将原有的建筑室内空间重新演绎。

上海新天地，建筑的外立面保留着斑驳的岁月的史痕，把这个古老的建筑的室内重新演绎，做成歌舞厅、酒吧会所、西饼坊等，做到“立新”不“破旧”，满足人们对古时历史文化的怀念，更是为了从物质层面上延续我们今天的生活本身。

上海石库门

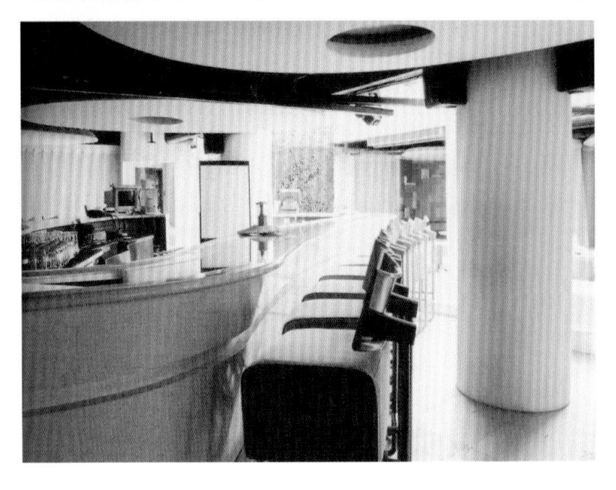

上海新天地

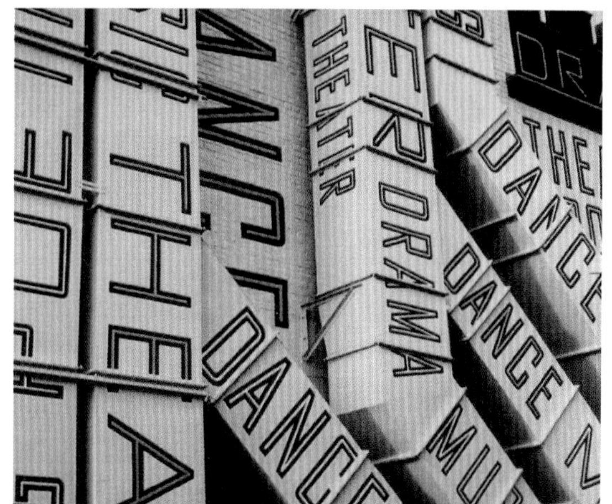

采用艺术的视觉语言对旧建筑的外墙改造

八、今题古做

古代许多建筑物和室内布置，不论是罗马样式、欧洲文艺复兴样式、美国“殖民地时期风格”、伊斯兰建筑风格……都是十分精美的。中国的艺术文化宝库，更是博大精深、浩瀚如海。使用现代的设计观点去衡量当时的成就，有时仍然觉得难以望其项背。伴随着国力增强，民族意识逐渐复苏，当今国内外的建筑师和室内设计师，就经常采用古为今用的设计，因为他们对现代美学、人体工学、空间计划，以及形、色、料、光方面的经验较多、掌握较好，加上对古代风格的探索，做出来的效果一般不俗。它不是纯粹的元素堆砌，而是通过对传统文化的认识，将现代元素和传统元素结合在一起，以现代人的审美需求来打造富有传统韵味的事物，让传统艺术在当今社会得到合适的体现。

“今题古做”中国传统风格文化意义在当前时代背景下的演绎

“今题古做”以现代人的审美需求来打造富有传统韵味的空间

九、小题大做

德国建筑大师米斯（Mies Vander Robe）认为：“一把椅子的设计并不比设计一幢摩天大楼容易。”“小”的题目“大”有做头。一位设计人从报纸上看到一则“小孩攀倒饭桌，被热汤烫伤”的新闻，想到如何可以设计一个“汤不倒”的饭桌。考虑过后，他觉得周边采用宽而浅的凹槽设计，加宽及改平槽边较好。这样汤放在离桌边150mm之内，小孩便不易碰触到，加宽槽边的设计，使桌不致成为小孩的扶手。而改平槽边，桌面便不会阻碍手部活动。无须放水孔，斜边的宽槽也易于清洁。接着他比较各种材料的特性和使用上的可能性，并将桌的结构改成组合式，以便装盒运送。

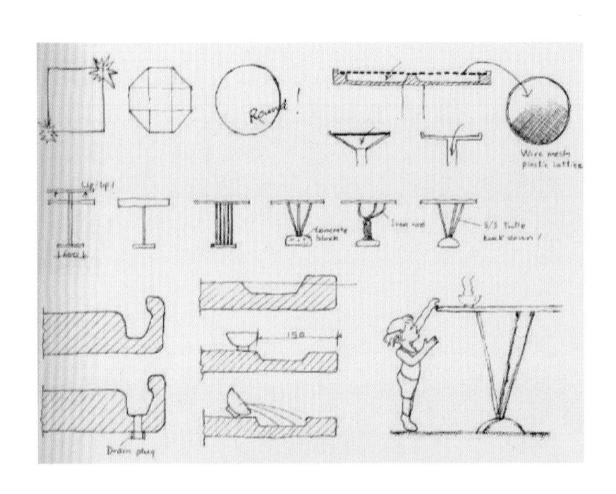

从小处着手，运用思考去发掘新概念、新模式，产生更人性化的设计。室内设计因其是为人们营造各种式样的生活场所，故尤应该重视小的问题的设计与安排，做到“以小见大”。

我们对学生的要求是能够对某个研究问题提出自己的独到见解。其起点往往是从小问题开始入手，经过热身，逐渐进入该领域，发现新问题和新领域，有可能导致新的发现，达到“小题大做”的设计境界。

十、大题小做

“大题小做”，即大处着眼、细处着手，总体与细部深入推敲。就是把内容庞杂的设计项目具体到小的着手点，找一个小巧的突破口，从小处着手，以“小题”反映大主题，从“小题”中挖掘出深刻的、闪光的思想。这样，在设计时思考问题和着手设计的起点就高，有一个设计的全局观念。细处着手是指具体进行设计时，必须根据室内的使用性质，深入调查、收集信息，掌握必要的资料和数据，从最基本的人体尺度、人流动线、活动范围和特点、家具与设备等的尺寸和使用它们必需的空间等着手。

这样，以逆向思维的方式，以小见大，可考察设计师对局部细节能力与整体设计的统筹能力的把握，可体现设计的亲和力，使设计更加具有近人感和丰富的细节变化。

掌握创新设计思维的方法，也是设计中至关重要的环节之一，通过设定不同的多样主题（如以语言确定的主题、以色彩确定的主题、以图形确定的主题等）来挖掘设计者的思维来源，通过联想来更大范围地、更广泛地拓展创意性思维也是被实践证明了的行之有效的方式方法，因为有了丰富的想象与联想能力也就拓展了思维的限定空间，就可避免平庸常见之作的产生，从而达到激发艺术作品的个性发挥，展现作品旺盛的生命力与非凡的感染力。

第六节/////不同的多样的主题

一、以语言确定设计的主题

语言作为一种思维的媒介，要比形状或声音好得多。没有人否认语言能帮助人们思维，但语言并不是思维活动中不可缺少的东西。语言是一整套知觉形状——听觉的、动觉的、视觉的集合。语言是词语在一个维度上（直线性的）连续排列，它被理性思维用来标示各种概念出现的前后次序。语言媒介本身并不一定是直线性的，在艺术表达中，几个语言序列可以同时进行，例如，歌剧中的二重唱或四重唱就是如此。事实上，语言序列完全可以成为非直线性的，例如，当一组设计人员同时表达并依照不规则的间隔喊出某些孤立的字眼时，情况就是如此。语言之所以以直线的序列呈现，是因为每一个词或一串词都表达一个理性概念，而这些概念又只能一个接一个地按顺序结合在一起。对于一种视觉景象的一一列举，作家们总是直觉地通过事件来描写一种景象。这就是说，他们往往把某种景象的各个静态部分用“活动”去加以呈现。在用这样一种手段来描述某种景象时，像语言这样的媒介是完全可以胜任的，它可以使用直线性的联系去贯通整个事件，而且能够将其中每一种局部关系以一种一定的事件序列表现出来。更为重要的是，它大都是以一种意义丰富的结构去呈现这种序列。这样一种陈述的次序同时还可以用来达到另一种目的：逐渐地构造起一个完美的静态景象，就像用画笔一笔笔地涂出一幅画一样，像室内设计师一点点营造出一个室内空间一样。

对这种效果我们可以从卡默尔圣母院的内部设计的设计要点见出：领圣餐仪式由光与水来充分体现。沐浴在光中的圣坛使人联想到“天堂里的上帝”，他在慈爱地祝福着圣餐礼。上帝现身在天际的光芒中，又以光的形式，穿过一道天窗，直射到圣坛上。在折射成一片闪亮之前，光强有力地展示着十字架，喷射出阵阵光影，照亮着圣坛（如圣餐）。魔术般地，无数隐而不见的水晶宝石闪耀着光芒。

“生命之水”的漏出象征着“上帝的慈爱”、彩虹般的（光辉灿烂）水从圣坛的底座冒出。“生命之水”的涌出仿效神的现身，好像释迦苍穹的光和爱。然后水流向圣坛中间。在中央走廊的正中心，“生命之水”显示着教堂的“心脏”，穿越过一系列瀑布，最后落进洗礼盘。在洗礼盘中，参加集会的人们沐浴在“上帝的慈爱之水”中，通过天空射下的光线，和他或她用的行洗礼的水，始终深深感受着“上帝的存在”。

迦拿婚礼（见《新约约翰福音》第二章）：该教堂的主题是“迦拿婚礼”。由一幅壁画描述(由教堂选中的艺术家法郎西斯科·波尔波阿作)。故事与构图完成了一个系列，描绘了过去、现状和未来的那些经历了“耶稣在世间的神迹”的人们。圣母玛利亚向圣坛陈述，将会众同壁画中描绘的人们联合起来，好像催促会众参与“神迹”的显示。艺术家制作的“十四块饰板”用来和瓷砖相配，营造和谐的气氛。教堂大厅门上的两旁圆柱上有三种图案的浮雕形成了洗礼盘的背景，象征生命字数与重生、新生之门。钟楼就像原来的一样，仍使用着呈现原址上在教堂的大钟，以力求该教堂历史和现状的结合。堂内的靠背长凳按人类工程学原理设计而成。

二、以文字确定设计的主题

文字的本质是一种用来表达思想的代表某种意义的特定符号。文字的形成并非一朝一夕，它是整个民族文化和文明的积淀，因此各个国家和民族都有自己特有的语言和文字。中国的文字相当生动直观，从最初的象形文字直至今日的文字，中国文字中仍保留了图形化的因素，如“山”“水”“日”等。相对来说，英语等其他语种的文字比较符号化，是通过字母的组合来表达意义的。

文字最初的产生是出于人类对事件记录的需求，不同形式或语种的文字，其产生原因都是相同的，即为了获取信息、抒发情感或作为有效证明等原因记录事件。人类需要非直接的精神领域的交流，这就有了杂志、小说以及各类书刊；人们需要获取信息，报纸、传单、文字广告起到了作用；人们需要书面的东西作为证据，合同、通知、证明、签字是使人信服的依据。文字作为表达意愿、记录事件的最有效、可靠的工具，在人们的生活中起到了说明、交流、记载的作用。

文字和图形是两种不同的书面记录方式。图形是一种较为原始的记录方式，无法用文字表达的人群（如儿童）喜欢用图形表达思想。经过长期的发展，文字已成为最成熟的表达思想的手段，它把具体的想象用抽象的方法表述出来，通过描述、阐述、比喻、类比、推论等手段，运用人们现有的形象知识和思维定式，鲜明而准确地表现具体事物。文字记录快速、概括、全面、明确，记录内容具有发展性，可对其做补充、修改、提炼等推敲，以达到最佳效果。文字记录有其独特的优势，但图形简单、生动，两者相辅相成才是最理想的记录方式。所谓“图文并茂”，即把文字这种抽象表述方式与图形这种具象表述方式相结合，从而更有效地记录和传递信息。广告是最典型的文字与图形结合传达信息的手段。广告的文字（即广告词）是核心部分，它以概括的方式凸显设计特点，引导人们对设计产生概念，使设计在人们脑海中留下深刻的印象。

三、以图形确定设计的主题

1.图形的个性

探讨用图形来表达思想，这是一个古老的话题，而且具有永恒的意义。

当人类祖先们的思维和情感越来越丰富，急于表现，最终按捺不住朝岩石上刻些什么的时候，图形图案出现了。从一开始，这种二维的抽象表达方式就深深地带上了人类思考的痕迹。而且随着人类文明的发展，图形的作用越来越被强化。

渐渐地，图形图案成为我们思维表达的一种习惯，并且开始反过来影响甚至引导我们的思考。笛卡尔哲学将人转化成抽象的概念，蒙特利安将自己关在画室里创作柏拉图式的纯几何图形……“现代主义”成为近代人类文明最不可阻挡的文化思潮，并延续至今。现代工业的发展中经济观念的注入，社会化大生产更使人们崇尚图形的艺术。

看现今高度文明的社会，忙碌着的人们，生活在充斥着图形、图案和几何体的世界中。我们对它们的存在已经越来越习惯。有人称之为“人们生活的第二自然”。

也许有人会对此提出质疑，呼吁回归自然。但无可置疑的是：图形对人们思维的形成和成熟起了至关重要的作用，它早已成为并将继续成为人们思维表达的基本手段之一。

人们利用图形的抽象概念，传达了自身对自然和超自然的理解。看见那些简单的图形和图案，我们每个人都会在潜意识中做出某种反应，因为它们的创造原本就是基于人们对大自然的各种反应。所以，图形的个性带有强烈的象征意义。

一切图形图案，包括直线、曲线、多边形、圆形、星形、螺旋形等，它们所表达的个性或象征力量均来源于宇宙的动力、宇宙空间和自然物质的运动方向以及它们的运动节奏。

直线，被一个力量驱使，并沿着力的方向运动，它是理想化的线条，单纯得让人痴迷。坚定、执着和一往无前是直线最基本的个性，由此派生出坚硬、挺拔、规范甚至呆板等其他特性。

水平线，能够在水平面任何方向上延伸，它给人以冷峻和踏实的感觉。

垂直线，正好与水平线相反，它的耸立或挺拔激发了人们的崇敬和热情。

平行线，加强了方向上的延伸。距离越近，作用越明显。多条平行线强化形成了一个有方向有节奏的面。

交叉线。直角给人稳定感，“十”字形有扶摇直上之意，锐角让人感到锐利、危险、压迫和另类，它还有强烈的方向指示作用，钝角具有不稳定性，内侧有包容之意。同心交叉线具有很强的向心力，同时又有能量释放的快感。

三角形，是所有线性图案中象征含义最强烈，又最为多变的一种。正三角是男性与太阳的标志，象征着神性、火、生命、升华、繁荣和和谐；倒三角则是女性、水、繁衍和不稳定的象征。

正方形，大地的象征。四个角的延伸，形成了一定的秩序。它是永恒、安全、平衡和合理安排空间的标志。

曲线，是具有生命力和自然灵性的线条。在直线的两端加压，使之改变方向，形成简单的曲线，如弧线、抛物线、弓形线等。简单曲线具有极强的张力，而且弧度越大，张力越强，直至闭合。如果在直线运动过程中从不同的方向施加不同程度的外力，就会形成复杂的曲线，其形态千变万化。正是其形成过程的多变性，复杂曲线是表现形式最丰富的线条。

圆形，曲线的完美闭合。对圆周上的每个点都公平看待。圆是完整、圆满和统一的象征，代表形体内部协调一致、亲密无间。

椭圆形，是张力与包容和谐的统一。具有崇高纯洁的含义，同时有诞生和酝酿爆发的感觉。

螺旋形，其线条开放、流动，表示进化、延续和永无休止，是生命力的象征。双螺旋形更是象征了宇宙中两种对立又平衡的力量，其同轴及向心的造型，喻示呼吸与生存节奏。

自然中的图形千姿百态，特性各异，在此不一一赘述，但绝对值得我们深入地观察和剖析。

2.图形的表现

明确了图形的个性，开始利用图形来表现思考。

人们的思考首先要有“原型”，而这些“原型”源于自然。所以图形表现也要从观察自然和生活开始。我们走进自然当然就是接近了创作源头，但生搬硬套是创作不出优秀的作品的。我们必须仔细选择，充分地分析，快速把握物象整体形态，抓住物象基本特征，用图形表现出来，并不时地加入个人的感受和美感。长此以往，不但积累了资料，增加了思考的广度，还增长见识，提升了自身的品位。

有了积累，我们可以将思考进一步深入下去。在图形表现时，可以先整体，抓住主次关系，再深入局部；也可以从局部开始，但时刻着眼于整体，做到成竹在胸，或是两者结合，灵活运用。

不管如何，刻画主干线或主体骨架是关键，配合排列、重复、对比等造型表现技巧，将整个思考的形体丰满起来。

在图形的表达方式上，我们可以按理性分析顺序，逐步堆砌、增加或分割、减少；可以将强调的细节一一列举，同时组合并分析，寻求最佳答案；可以用各立面和剖面的线形来描绘结构；可以用不同视点的透视图和轴侧图来展示空间。如此等等，需要我们更多地累积和发掘。

四、以色彩确定设计的主题

1.色彩的个性

从视觉感知的角度上讲，对色彩的感知是人们认知世界的基础。我们之所以能够看到自然界中物体的存在，是因为看到了它们的形，而这种视觉中的形是通过物体反射光，形成不同的光影和色彩所造成的。试想一下，如果我们生活在一种色彩中，并且没有明度的差别，那还有什么形体、空间可言。就如同在白纸上画白线，什么也看不到。由此可见，色彩在表现物体上担当了重要的角色。

当光源（阳光或人造光源等）发出的光直接进入或者经过物体的反射或透射后间接进入我们的眼睛，从而刺激眼球内侧的视网膜时，视神经会将这种刺激传送到大脑皮层的视觉中枢，产生不同的色的感觉。当这些不同的色感觉多次出现，最终能使我们联系到相关的物体时，我们就能辨别色彩了。

剖析其过程，我们发现色彩的产生具备物理和生理的特性。一方面，唤起我们色彩感觉的关键是光。在可见光范围内，不同频率的光波具有不同的颜色特性，通过三棱镜的折射，我们可以清楚地看到由红、橙、黄、绿、青、蓝、紫七色光形成的光谱。当可见光谱中所有各种频率的光波同时到达人眼时，我们就看见“白光”。但是，如果将整个可见光谱中的大部分滤掉，而只让剩余部分到达人眼，我们就会看到某色。当然，光在大部分情况下是照射到物体上变成反射光或折射光才进入人们眼里的。物体本身不发出光色，但具有保留某些光色、吸收其他光色的固有特性。久而久之，让人产生物体有“固定颜色”的习惯思维。可见，色彩的存在是客观的物理现象。另一方面，色彩进入人眼，刺激大脑，从而产生感觉，这又是纯粹的生理过程。人们感知色彩，两方面缺一不可。

同时，人们通过视觉所产生的色感往往能引起其他感觉的共鸣，甚至进一步冲击到人们的心理，对人们的身心产生极大的影响。有时，色彩的心理作用能左右人们的情绪和行为。如在红色的环境中，由于红色刺激强烈，使人心跳加快，从而产生热感；相反，在蓝色的环境中，会给人安静和寂寞感，使人心跳减弱，感到寒意。这里的冷热与温度无关，而是与视觉、心理的体验相关的感觉。

人们通过色彩进行记忆、联想、辨别和研究，并不断显示出相应的感情反应。久而久之，就几乎固定了色彩的专有表达方式，并逐渐建立了色彩的各自的个性象征。于是，对具体的事物与抽象的概念也往往用色彩来进行表达。

红色，是火与血的色，它意味着热情、喜悦和活力，具有醒目性和美感，往往成为旗帜、标志等的主要用色和警报的信号等的用色。红色还给人以艳丽、芬芳、甘美、成熟、青春和富有生命力的象征。深红色意味着嫉妒或暴虐，而粉红色则表示健康。

黄色，光感最强，常使人联想到阳光，在所有色彩中它的明度最高，所以给人以光明、柔和、纯净和轻快的感受，象征着希望、快活和智慧。黄色又具有崇高、神秘、华贵、素雅等超然感觉，是皇室的偏爱。黄色使用过多会使人感到心闷堵塞。

橙色，既有红色的热情，又有黄色的明快，是人们普遍喜爱的颜色。它常使人联想到秋天的丰收果实和美味食品，故易引起人们的食欲。橙色具有明亮、华丽、健康、温暖、愉快、芳香和辉煌的感觉。它很醒目，但易引起视觉疲劳。

绿色，是大自然中草地、树木的色彩，它象征着生命、春天、青春和希望，是充满活力的颜色。绿色还给人以和平、安全、宁静和安慰的感觉。同时绿色也是未成熟的象征。

蓝色，是幸福的色，表示希望、沉静、高洁。在西方，蓝色是身份高贵的表示。另一方面，蓝色又具有寂寞、悲伤和冷酷的含义。人们了解比较少的宇宙海洋都呈现蓝色，因而，蓝色也是神奇莫测的象征色。

紫色，是高贵、庄重、优雅的色。紫色象征着稀少和珍贵。明亮的紫色使人感到美好和兴奋。高明度的紫色还是光明和理解的象征，它优雅而有魅力，是女性化的色彩。深紫色富有神秘感，使人会产生疲劳和忧郁的情绪。

白色，象征着纯粹和纯洁，表示和平与神

圣。因为白色是由全部可见光均匀混合而成，又叫全色光，是光明的象征。它的明度最高，故给人以明亮、干净、清楚、坦率、朴素、爽朗的感受。另一方面，它也能给人以单调、凄凉和虚无之感。

黑色，既有沉思、安静、坚毅、严肃、庄重等感觉，又有恐怖、忧伤、消极、悲痛、不幸、绝望和死亡之感。黑色还让人有捉摸不定、阴谋的感受，又可象征权力和威严，具有高雅、渊博、超俗等含义。

另外，色彩的某些个性也会随着色彩的明度和彩度的变化而改变。

明度是人们眼睛感觉到的色的明暗差别。明亮的色彩对人们的心理刺激大，暗淡的色彩对人们的心理刺激小。高明度会给人明亮、轻柔、活泼、愉快、优质的感觉；低明度则给人黑暗、坚硬、朴素、丰富、低沉的感觉。

彩度是指色彩的纯净程度和饱和程度。鲜艳的颜色对人刺激较大，易使人疲劳。高彩度的暗色有前进、狭窄、拥挤等运动感，它会使人有沉重的、压迫的、有力的感觉；低彩度的明色有后退、宽广感，能给人以轻快的、松软的、流动的感觉。

色彩比线条表达艺术更能直接表达情感的变化，同样具有丰富的象征力和表现力。

上面的几幅图中康惠尔家具工厂展示厅，大量的色块运用也是本案的特色，中国红代表热情和华贵；橘黄和橘红代表时尚，是展厅中活跃的音符；鹅黄色代表温馨，突出家庭的特色；苹果绿代表前卫和国际化思潮，强调出口产品的品质。几种色彩在同一空间互相表现，但又不混乱，大量的重色——“黑”起到了关键的作用。装饰的元素、符号等也在色彩的包围下表现出更加绚丽的表情。

2.色块的表达

人们对色彩从被动地认识到不断地感受，渐渐习惯利用色彩来辨别事物和表达思想。用色彩进行表达，往往并不追求表达对象轮廓的准确性，而是用色块描绘出对象的体积感和明暗关系。这里的关键：一是选取哪些色块；二是怎样进行色块搭配。我们只有通过各种色块的位置、面积、明暗和色调的协调组合，才能达到表达效果的最佳化。

在色块表达时，要学会寻求表达的共性。我们通过分析表达对象或设计的特性和要求，来选取具有相同或相似个性的色块，组建表达时所需要的颜色群。在系列色块的组合和匹配时，要考虑色相、彩度、明度等方面的统一调和。我们可以用类似协调的配色原则来表明共性。当某色与色相环中它的左右相邻的两色或两色以上的颜色组合时，都可以称为类似色协调。如橙和黄色组合可得暖色系，绿和蓝绿组合可得冷色系。类似协调的特点是色彩变化缓和、渐变，它既有同色配色的和谐稳定感，又具有色彩变化丰富的特点。当然，色彩的类似性也不能过强，过强时易形成单调、呆板的效果。

从另一角度来说，我们也要注意其色块表达的显明性。显明性是指配色要清楚、明确、不含混。在配色中色相、明度、彩度的差别和对比是构成显明性的重要手法，特别是色相和明度的差别和对比，对形成显明性尤其重要。我们可以用对比协调的配色原则来达到效果。在色相环上，我们常用补色来画龙点睛。对比协调使表达强烈而富有变化，但对比时要协调和统一。更应注意显明色块的比例，面积过大会引起视觉混乱。

对选用的色块，我们还要明确它们的主从关系。如果色块的表达既要做到鲜明性的对比，又要做到共性的统一，往往很难达到调和。因为对比与统一是矛盾着的统一体，必须使某一方处于主要地位，另一方处于从属地位。我们可以以某色或某类色作主调色，以其他色作从属色，可以用色相的差异、明度的差异、彩度的差异，以及有彩色与无彩色（白，灰、黑）及金银色的差异、无彩色与金银色的差异等组配，分清主次。还要特别注意面积效果，以某色做大面积的主体色，以局部小面积色做重点色、点缀色、装饰色，才能取得色彩的协调。

另外，我们还要考虑用色的习惯性。人们因不同的生活习惯要求不同的色彩搭配。对大中型家电，人们往往偏爱高明度的灰调色彩，因为它对眼睛适中，既不耀眼又不暗淡，是使视觉感到舒适的颜色。如果为其他国家和民族做设计，了解当地的用色习惯是绝对必要的。

总之，色块表达只是一种手段，而不是目的。不能忽视表达对象而单纯追求色彩的协调。我们要善于用色彩鲜明的个性来展现设计对象的个性。

五、以材质确定设计的主题

材质作为一种重要的设计元素，在设计表达过程中起到的作用是长期的、有效的。设计前期，设计师可以从材料的应用分析入手，充分挖掘材料应用的可能性，根据材料所具备的物理、化学特性，如形态、硬度、强度、加工成型性、成本等，选用合适的材料，作为“设计主体”，展开创意。确定主体后，设计师要因“物”而宜，根据“设计主体”合理地选用搭配材料，丰富、扩充主体特性，从而使设计的功能、外观要求得到满足。如何在具体设计中利用材质表达创意，大致可以分为以下几类。

1.直接利用材料的自然质地和肌理表现设计效果。直接使用天然材料，或只对其施以简单加工，可以充分展示其天然材质及纹理。但要克服对自然材质的依赖性，切莫停留在作品的表面处理，只注重表面肌理的刻画和表现，而使创意受到局限。另外，材料除了其实用性外，也起到一种心理暗示，即地位显示的作用。通过夸张和陌生的方式，引起人们注意自然和文明的差异。

弗兰克·利奥德·赖特1935—1939年设计的位于宾夕法尼亚州的瀑布壁炉

巴黎一间房屋用小碎石铺成的全新地板

芬兰的滑雪板小屋

伦敦极端抽象派的浴室，雪松木浴缸

再如中国传统门楼的木门，往往包上一层马口铁，当然是为了结实，但又不仅仅如此，因为门上钉的钉子是密密麻麻一排一排的，只为结实根本不需要这么多，况且所用的钉子都是泡泡钉。这些钉子主要是起装饰作用，在加固之外还有表现古代武士身披甲胄威武、不可侵犯形象的目的。

中国传统门楼的木门

自然材料还存在着数量多少的问题，根据稀有程度及表面肌理的不同，价值上有很大的差异，往往是“物以稀为贵”。因此，稀有的、优质的材料就成了身份地位的象征。中国明代家具无疑是利用天然材质的典范，它注重材料之美，充分利用木材的本色和纹理而不加遮饰，深沉的色调、坚而细的质感，达到了稳定、调和的效果，其品质及价格也因木材的稀有程度及纹理的优劣而相差甚多。

2.利用不同材质的肌理配置。由于材料的对比变化（包括形状、面积、色彩等）已经具备了丰富的条件，所以创造就该在统一协调上做文章。空间各个面的材质肌理语言在确定设计主体上有如下作用：

（1）提示作用：当地面上有带状组织或某种线型的肌理时，它能起到导向作用，并造成不同的表情：平滑弯曲的带型给人一种轻松活泼、悠闲自得般的田园感受；一条直角转折的带型会造成严肃、拘谨的表情；不规则、多角度转折的带型会产生不稳定和紧张感。带的宽窄暗示速度与节奏，宽则慢、窄则快。带型内的肌理既可以用不同的形状提示出不同区域的划分，又可以影响人们行进的速度和心境，粗糙则慢、光滑则快；间距的大小亦可调整步幅的大小，线状肌理与前进方向平行者，强调了深度，与前进方向垂直者，强调了宽度。地面上的带型还能将人吸引到该“轨道”上，并从一个目标移向另一目标。

当地面的肌理组织相对较大且无方向时，它暗示一种静态驻留，常用于空间形态交汇的中心空间。

（2）调整空间比例：若具有某种肌理的物体形状较大、较开展，会使该空间产生一种宽敞的尺度感，而较小、紧缩的形状，则使空间具有压缩感和亲密感。用两种肌理可以明显地将整个空间分割，形成更容易被感受的副空间。

（3）统一作用：地面肌理作为与其他空间构成因素相互关联的共同因素，可以产生协调统一的作用。例如，其他因素在尺度和特性上有很大差异，但在总体布局中却因处于一个共同的地面环境中，相互之间便连接成一个整体。此时则要求地面肌理具有明显或独特的统一形状，才容易被人识别和记忆。

（4）构成空间个性：不同的地面肌理及其边缘轮廓，均能对所处的空间产生重大影响。比如形成与增强细腻感、粗犷感、宁静感、喧闹感、城市感与田园感、温暖亲切感、冷清无人情的感受以及轻松自如、不拘谨的气氛，从而创造出各种视觉趣味，不仅提高观赏性，而且独特的肌理还能形成强烈的地方色彩。

该夜总会是以优雅的旋律和闪烁的激光以求达到特殊的效果。玻璃就是获得这种效果的主要角色，能够产生无数振动反射和扩散的视觉效果。独立式铅板被镶入水晶碎片中；水滴式玻璃和黑曜石镜子也映出了楼上的酒吧。冰白色金属背景墙，体现了现代化都市跳动的脉搏。

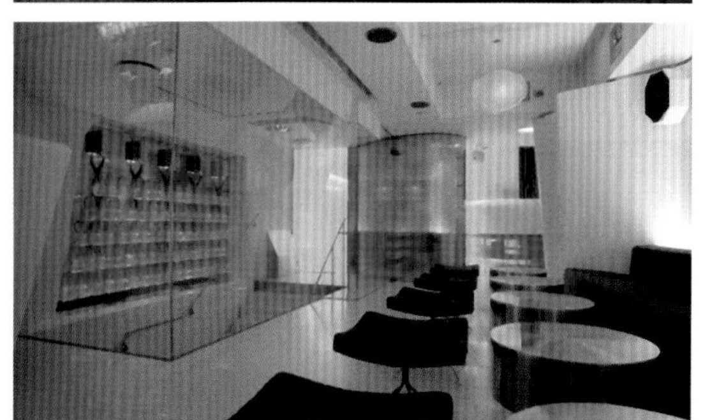

3.设计促使新材料的产生。材料对设计有着重要的意义，它是功能与技术的载体。换言之，设计的功能和特性是通过其材料的性能和属性实现的。因此，当人类有了许多“设计幻想”，如何将其变为现实，就只能依靠材料的不断革新和新材料的创造了。国家游泳中心“水立方”能够夺魁，就在于它体现了诸多的科技和环保特点。整个建筑内外层包裹的ＥＴＦＥ（四氟乙烯），是一种轻质新型材料，具有有效的热学性能和透光性，可以调节室内环境，冬季保温，夏季散热，而且还会避免建筑结构受到游泳中心内部环境的侵蚀。设计过程中，对材料的要求，使材料及其工艺不断发展，而新材料的出现使设计有了更为广阔的空间和更多的可能性，这两者是相辅相成、不可分割的统一体。

六、以风格确定设计的主题

在室内设计中，由于设计主题的文化内涵不同，会体现出不同的设计风格。室内设计中的风格应理解为一种强化了的格调和情调，它们产生于不同的历史文化背景与不同的时代环境。

在空间视觉造型中，风格是一种有意图的空间布局、构造及美学表现，设计师有意识地调动各种因素，使之集结在一个明显的视觉形象的形式概念中。因此，风格也可以说是一种设计形式的特性显示。

室内设计的风格主要可分为：传统风格、现代风格、后现代风格、自然风格以及混合型风格等。

1.传统风格

传统风格的室内设计，是在室内布置、线形、色调以及家具、陈设的造型等方面，吸取传统装饰“形”“神”的特征。例如吸取我国传统木构架建筑室内的藻井天棚、挂落、雀替的构成和装饰，明、清家具造型和款式特征。又如西方传统风格中仿罗马风、哥特式、文艺复兴式、巴洛克、洛可可、古典主义等，其中如仿欧洲英国维多利亚或法国路易式的室内装潢和家具款式。此外，还有日本传统风格、印度传统风格、伊斯兰传统风格、北非城堡风格等。传统风格常给人们以历史延续和地域文脉的感受，它使室内环境突出了民族文化渊源的形象特征。

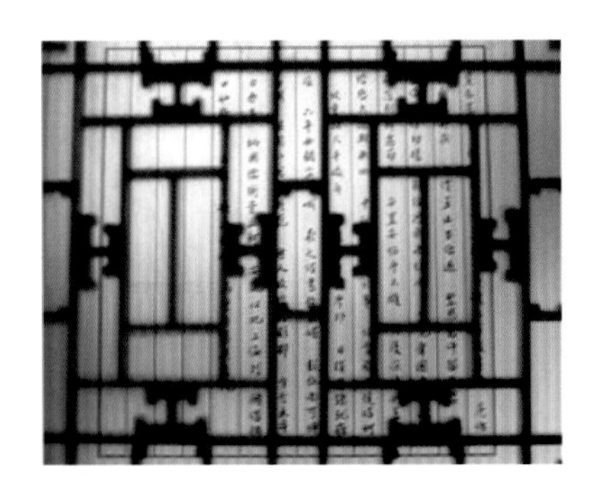

2.现代风格

现代风格起源于1919年成立的包豪斯学派，该学派处于当时的历史背景，强调突破旧传统，创造新建筑，重视功能和空间组织，注意发挥结构构成本身的形式美，造型简洁，反对多余装饰，崇尚合理的构成工艺，尊重材料的性能，讲究材料自身的质地和色彩的配置效果，发展了非传统的以功能布局为依据的不对称的构图手法。包豪斯学派重视实际的工艺制作，强调设计与工业生产的联系。

包豪斯学派的创始人W·格罗皮乌斯对现代建筑的观点是非常鲜明的，他认为“美的观念随着思想和技术的进步而改变。”“建筑没有终极，只有不断的变革。”“在建筑表现中不能抹杀现代建筑技术，建筑表现要应用前所未有的形象。”当时杰出的代表人物还有勒·柯布西耶和密斯·凡·德·罗等。现时，广义的现代风格也可泛指造型简洁新颖，具有当今时代感的建筑形象和室内环境。

3.后现代风格

后现代主义一词最早出现在西班牙作家德·奥尼斯1934年的《西班牙与西班牙语类诗选》一书中，用来描述现代主义内部发生的逆动，特别有一种现代主义纯理性的逆反心理，即为后现代风格。20世纪50年代，美国在所谓现代主义衰落的情况下，也逐渐形成后现代主义的文化思潮。受60年代兴起的大众艺术的影响，后现代风格是对现代风格中纯理性主义倾向的批判，后现代风格强调建筑及室内装潢应具有历史的延续性，但又不拘泥于传统的逻辑思维方式，探索创新造型手法，讲究人情味，常在室内设置夸张、变形的柱式和断裂的拱券，或把古典构件的抽象形式以新的手法组合在一起，即采用非传统的混合、叠加、错位、裂变等手法和象征、隐喻等手段，以期创造一种融感性与理性、集传统与现代、糅大众与行家于一体的“亦此亦彼”的建筑形象与室内环境。对后现代风格不能仅仅以所看到的视觉形象来评价，需要我们透过形象从设计思想来分析。后现代风格的代表人物有P·约翰逊、R·文丘里、M·格雷夫斯等。

4.自然风格

自然风格倡导“回归自然”，美学上推崇自然、结合自然，才能在当今高科技、高节奏的社会生活中，使人们取得生理和心理的平衡，因此室内多用木料、织物、石材等天然材料，显示材料的纹理，清新淡雅。此外，由于其宗旨和手法的类同，也可把田园风格归入自然风格一类。田园风格在室内环境中力求表现悠闲、舒畅、自然的田园生活情趣，也常运用天然木、石、藤、竹等材质质朴的纹理。巧于设置室内绿化，创造自然、简朴、高雅的氛围。此外，也有把20世纪70年代反对千篇一律的国际风格的如砖墙瓦顶的英国希灵顿市政中心以及耶鲁大学教员俱乐部，室内采用木板和清水砖砌墙壁、传统地方门窗造型及坡屋顶等称为“乡土风格”或“地方风格”，也称“灰色派”。

5.混合型风格

近年来，建筑设计和室内设计在总体上呈现多元化、兼容并蓄的状况。室内布置中也有既趋于现代实用，又吸取传统的特征，在装潢与陈设中融古今中西于一体，例如传统的屏风、摆设和茶几，配以现代风格的墙面及门窗装修、新型的沙发；欧式古典的琉璃灯具和壁面装饰，配以东方传统的家具和埃及的陈设、小品，等等。混合型风格虽然在设计中不拘一格，运用多种体例，但设计中仍然是匠心独具，深入推敲形体、色彩、材质等方面的总体构图和视觉效果。

七、以样式确定设计的主题

样式是风格的具体表现形式，如传统风格可分为古罗马样式、文艺复兴样式、巴洛克、洛可可、古典主义等，后现代风格可分为简约样式等。

八、以消费人群确定设计的主题

室内设计效果的好与坏最终是由使用者来评判的。室内设计的目的就是通过创造舒适的室内空间为使用者提供满意的服务。现代社会的人群追求个性化，标榜自我，力求在时尚、个性和实用三者间找到一个最佳结合点。“装修市场越来越细分”这个概念的提出正是源于消费者的人群的细分。年龄、社会地位、年收入、文化程度等，这些词汇在影响着不同人的不同需求，“个性化装修”应运而生。在室内空间的组织、色彩和照明的选用方面，以及对相应使用性质、室内环境氛围的烘托等方面，更需要研究人们的行为心理、视觉感受方面的要求。例如：教堂高耸的室内空间具有神秘感，会议厅规整的室内空间具有庄严感，而娱乐场所绚丽的色彩和缤纷闪烁的照明给人以兴奋、愉悦的心理感受。我们应该充分运用现时可行的物质技术手段和相应的经济条件，创造出满足人和人际活动所需的室内人工环境。

现代室内设计需要满足人们的生理、心理等要求，需要综合处理人与环境、人际交往等多项关系，需要在为人服务的前提下，综合解决使用功能、经济效益、舒适美观、环境氛围等种种要求。由于设计的过程中矛盾错综复杂，问题千头万绪，设计者需要清醒地认识到以人为本，为人服务，为确保人们的安全和身心健康，为满足人和人际活动的需要作为设计的核心。为人服务这一平凡的真理，在设计时往往会有意无意地因从多项局部因素考虑而被忽视。

针对不同的人，不同的使用对象，相应地应该考虑有不同的要求。例如：幼儿园室内的窗台，考虑到适应幼儿的尺度，窗台高度常由通常的900～1000cm降至450～550cm，楼梯踏步的高度也在12cm左右，并设置适应儿童和成人尺度的二档扶手；一些公共建筑顾及残疾人的通行和活动，在室内外高差、垂直交通、厕所盥洗等许多方面应做无障碍设计；近年来地下空间的疏散设计，如上海的地铁车站，考虑到老年人和活动反应较迟缓的人们的安全疏散，在紧急疏散时间的计算公式中，引入了为这些人安全疏散多留1分钟的疏散时间余地。上面的三个例子，着重是从儿童、老年人、残疾人等人的行为生理的特点来考虑。

九、以光确定设计的主题

就人的视觉来说，没有光也就没有一切。在室内设计中，光不仅能满足人们视觉功能的需要，而且是一个重要的美学因素。光可以形成空间、改变空间或者破坏空间，它直接影响到人对物体大小、形状、质地和色彩的感知。近几年来的研究证明，光还影响细胞的再生长、激素的产生、腺体的分泌以及如体温变化、身体的活动和食物的消耗等的生理节奏。因此，室内照明是室内设计的重要组成部分之一，在设计之初就应该加以考虑。

现代社会需要用光的艺术魅力来充实和丰富生活的内容。无论是公共场所或是家庭，光的作用影响到每一个人，室内照明设计就是利用光的一切特性，去创造所需要的光的环境，通过光确定设计的主题，并表现在以下四个方面：

1.创造气氛

光的亮度和色彩是决定气氛的主要因素。我们知道光的刺激能影响人的情绪，一般来说，亮的房间比暗的房间更为刺激，但是这种刺激必须和空间应具有的气氛相适应。极度的光和噪声一样都是对环境的一种破坏。据有关调查资料表明，荧屏和歌舞厅中不断闪烁的光线使体内维生素A遭到破坏，导致视力下降。同时，这种射线还能杀伤白细胞，使人体免疫机能下降。适度愉悦的光能激发和鼓舞人心，而柔弱的光令人轻松而心旷神怡。光的亮度也会对人心理产生影响，有人认为对于加强私密性的谈话区照明可以将亮度减少到功能强度的1／5。光线弱的灯和位置布置得较低的灯，使周围造成较暗的阴影，天棚显得较低，使房间似乎更亲切。

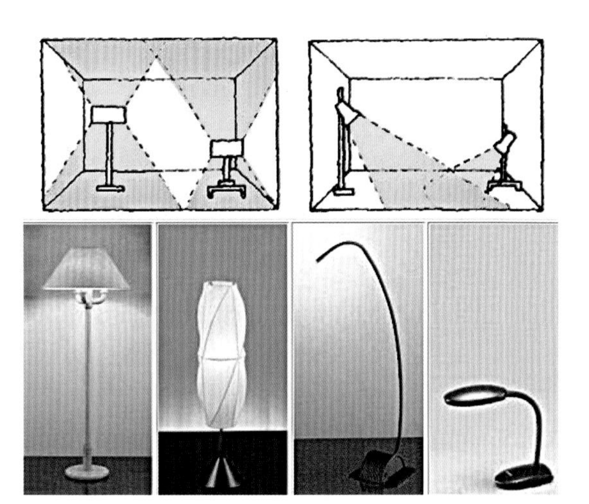

室内的气氛也由于不同的光色而变化。许多餐厅、咖啡馆和娱乐场所，常常用加重暖色，如粉红色、浅紫色，使整个空间具有温暖、欢乐、活跃的气氛，暖色光使人的皮肤和面容显得更健康、美丽、动人。由于光色的加强，光的相对亮度相应减弱，使空间感觉亲切。家庭的卧室也常常因采用暖色光而显得更加温暖和睦。但是冷色光也有许多用处，特别在夏季，青、绿色的光就使人感觉凉爽。应根据不同气候、环境和建筑的性格要求来确定。强烈的多彩照明，如霓虹灯、各色聚光灯，可以把室内的气氛活跃生动起来，增加繁华热闹的节日气氛，现代家庭也常用一些红绿的装饰灯来点缀起居室、餐厅，以增加欢乐的气氛。

某科技有限公司的接待区，倾斜的墙面及连续的射灯被用来加强“瀑布”效果。

不同色彩的透明或半透明材料，在增加室内光色上可以发挥很大的作用，在国外某些餐厅既无整体照明，也无桌上吊灯，只用柔弱的星星点点的烛光照明来渲染气氛。

由于色彩随着光源的变化而不同，许多色调在白天阳光照耀下，显得光彩夺目，但日暮以后，如果没有适当的照明，就可能变得暗淡无光。因此，德国巴斯鲁大学心理学教授马克思·露西雅谈到利用照明时说：“与其利用色彩来创造气氛，不如利用不同程度的照明，效果会更理想。”

2.加强空间感和立体感

空间的不同效果，可以通过光的作用充分表现出来。实验证明，室内空间的开敞性与光的亮度成正比，亮的房间感觉要大一点，暗的房间感觉要小一点，充满房间的无形的漫射光，也使空间有无限的感觉。而直接光能加强物体的阴影，光影相对比，能加强空间的立体感。

外露的蓝绿色氖光灯（霓虹灯）与起间接照明作用的红色氖光灯（霓虹灯）形成反衬，为该充满生气的多功能活动空间提供了照明。

华丽的门厅中，嵌入式光源直接照射到艺术品和插花，使枝形吊灯的光芒稍微暗淡，它使人在视觉上感到空间的延伸，使人一进房间就被某种东西所吸引。

可以利用光的作用，来加强希望注意的地方，如趣味中心，也可以用来削弱不希望被注意的次要地方，从而进一步使空间得到完善和净化。许多商店为了突出新产品，在那里用亮度较高的重点照明，而相应地削弱次要的部位，获得良好的照明艺术效果。照明也可以使空间变得实和虚，许多台阶照明及家具的底部照明，使物体和地面“脱离”，形成悬浮的效果，而使空间显得空透、轻盈。

3.光影艺术与装饰照明

光和影本身就是一种特殊性质的艺术，当阳光透过树梢，地面洒下一片光斑，疏疏密密随风变幻，这种艺术魅力是难以用语言表达的。又如月光下的粉墙竹影和风雨中摇晃着的吊灯的影子，却又是一番滋味。自然界的光影由太阳光、月光来安排，而室内的光影艺术就要靠设计师来创造。

利用上射照明把绿化影子投到天棚。

光的形式可以从尖利的小针点到漫无边际的无定形式，我们应该利用各种照明装置，在恰当的部位，以生动的光影效果来丰富室内的空间，既可以表现光为主，也可以表现影为主，也可以光影同时表现。

通向卧室的过道成为投射的星状和条状光影的背景，嵌入式框架映画器配上传统垫木以造成光影的形状效果。

常见在墙面上的扇贝形照明，也可算作光影艺术之一。

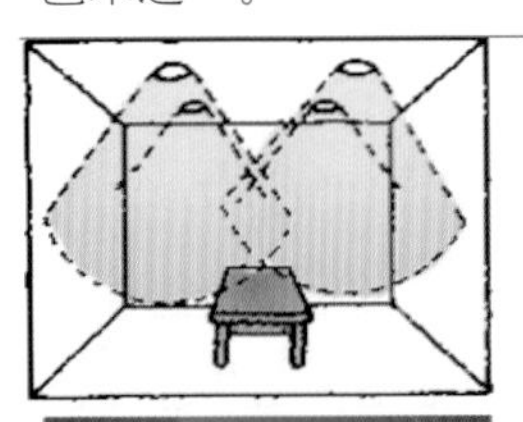

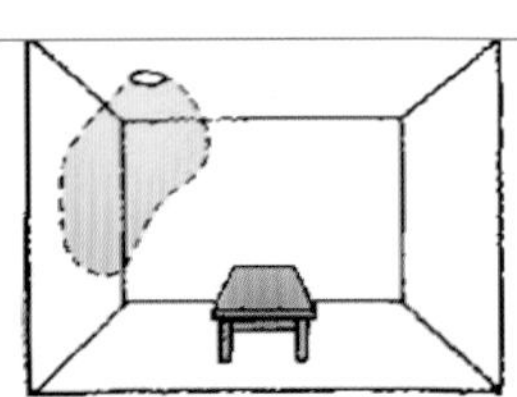

扇贝形照明

扇贝形照明实例

　　此外还有许多实例造成不同的光带、光圈、光环、光池。

波兰ZOU CROP时尚服饰店，小空间中内墙的边缘强调LED照明的条纹，这是唯一的光源，并结合房间内的镜面，形成强烈空间无限延续的错觉。

光影艺术可以表现在天棚、墙面、地面。也可以利用不同的虚实灯罩把光影洒到各处。光影的造型是千变万化的，主要的是在恰当的部位，采用恰当形式表达出恰当的主题思想，来丰富空间的内涵，获得美好的艺术效果。

该会议室的木制嵌板天花板沿着空间的长度方向微呈拱形，采用与会议桌相对应的照明方式。专门设计的半透明灯光产生了特殊的阴影效果。

装饰照明是以照明自身的光色造型作为观赏对象，通常利用点光源通过彩色玻璃射在墙上，产生各种色彩形状。用不同光色在墙上构成光怪陆离的抽象“光画”，是表示光艺术的又一新领域。

4.照明的布置艺术和灯具造型艺术

光既可以是无形的，也可以是有形的，光源可隐藏，灯具却可暴露，有形、无形都是艺术。如图，沿着办公室的走廊，工业化的灯具的使用体现了建筑的工业化特点，加上沿走廊排列的门窗、抛光的水泥地面、天然木制装饰给人一种仿佛置身街道中的感受。

办公室走廊灯具造型

大范围的照明，如天棚、支架照明，常常以其独特的组织形式来吸引观众。

办公空间前台服务区，以连续的带形照明，起到引导的作用，并使空间更显舒展。

某餐厅的水晶吊灯，它掩盖了空中迂回的管道，之所以采用水晶是因为它可以增加亮度。

该案例为突出自助餐的视觉亮点，设计了能变色的球状光学纤维灯来获得变幻不定的灯光效果，以渲染整个室内氛围。

这家占地20000平方英尺（1800平方米）的银行自助餐厅，波浪起伏的天花板、有色金属、不锈钢，直接照明和间接照明强调了餐厅的操作台，富有现代风格。采取这种方式来表现灯具是十分雄伟和惹人注意的。它的关键不在个别灯管、灯泡本身，而在于组织和布置。最简单的荧光灯管和白炽小灯泡，一经精心组织，就能显现出千军万马的气氛和壮丽的景色。

天棚是表现布置照明艺术的最重要场所，因为它无所遮挡，稍一抬头就历历在目。因此，室内照明的重点常常选择在天棚上，它像一张白纸，可以做出丰富多彩的艺术形式来，而且常常结合建筑式样，或结合柱子的部位来达到照明和建筑的统一和谐。

将光与廊柱造型相结合的布置，形成富有韵律的效果

常见的天棚照明布置，有成片式的、交错式的、井格式的、带状式的、放射式的、围绕中心的重点布置式的，等等。在形式上应注意它的图案、形状和比例，以及它的韵律效果。

不同类型的建筑，其室内照明也各异。

日本某小学校图书馆，整体照明的灯具样式新颖，既符合阅读空间的功能需求，又符合儿童向往新鲜独特造型的心理。

美国某办公空间过廊，荧光灯管两两一组交叉布置，与室内的其他元素相统一，形成了整个室内的主题。

某展览会场，由于很好地考虑了使用直接照明，使公众的注意力集中在展品上。

十、以构件确定设计的主题

从建筑设计的前期工作方面分析——室内设计弥补原建筑设计缺陷或不足，或由于设计思路和需求的变化而进行建筑改造。

十一、以部位确定设计的主题

室内设计在进行空间设计时，会形成很多空间部位。因为，人的生活是多样化的，而不同人的生活又是多元化的，如此丰富多彩的生活方式不可能容纳在建筑及建筑构件设计的空间里，这就需要从建筑空间中划分出具有特定小环境或特定功能内容的部位，以适应多种多样的生活需要。它在整个室内设计中起到充实空间内涵、丰富空间层次、增添空间景色、创造室内特定气氛、更好地满足人的物质功能和精神功能要求的作用。一个部位确定设计的主题既是建筑内部一个或几个部位的风格定位影响并主导整个建筑物其他部位的设计手法与效果。下图为某医院走廊，座椅的布置形成了一个候诊空间。波形的长椅吻合波形的墙面，配上轻松温和的色彩，这种宁静温馨的氛围延伸弥漫至整个医院。

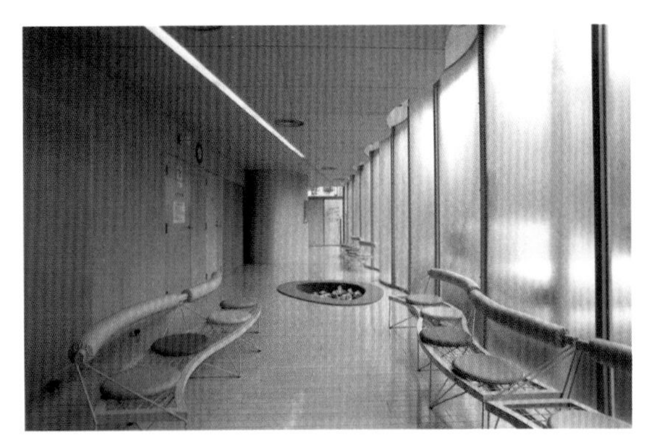

某医院走廊候诊空间

戴姆勒克莱斯勒服务公司（DCS）接待厅的设计，几把亮黄色休息椅形成的这个接待部位空间，是一个顺其自然的——甚至是偶然的——自然运动的形状，这些能够实现整个建筑空间及公司理念的最重要信条：自然。

戴姆勒克莱斯勒服务公司（DCS）接待厅的设计

十二、以序列确定设计的主题

一个较复杂的空间组合，往往需要有前奏、引子、高潮、回味、尾声等。创造空间高潮多通过对比手段，如体量对比、明暗和虚实对比、形状对比、方向对比、标高对比等。而重复或再现则能够形成统一、强调和回味。

两个大型空间若以简单的方法直接连通，会使人感到单薄或突然。如果两个大空间形成一种渐进关系，或者在中间插入一个过渡性的空间，它就变得段落分明，具有了抑扬顿挫的节奏感。过渡性空间一般应小些、低些、暗些、封闭些，使人心理上产生起伏变化，从而在记忆中留下深刻的印象。例如，可按照下列顺序确定空间领域：

外部的→半外部的（或半内部的）→内部的；

公共的→半公共的（或半私用的）→私用的；

多数集合的→中数集合的→少数集合的；

杂乱的→中间性的→艺术的；

动的→中间性的→静的。

空间的引导是根据不同的空间布局来组织的。一般讲，规整的、对称的布局，常常要借助于强烈的主轴动线来形成导向。主轴动线愈长，主轴动线上的主体空间就愈突出。自由组合布局的空间，其特点是主动线迂回曲折，空间相互环绕，活泼多变。此种空间的引导不外乎以下方法：

以弯曲的围截来引导，并暗示另一个空间的存在；

利用垂直通道暗示上一层空间的存在；

利用地载和天覆的处理暗示前进的方向；

使空间体处在轴线的延长线上。

十三、以维度确定设计的主题

零维：点；一维：直线；二维：平面；三维：立体空间；四维：弯曲空间；五维：导演克里斯托弗·诺兰在电影《星际穿越》（Interstellar）中为我们提供了对五维空间的想象的视觉表现……

《星际穿越》（Interstellar）中展现的五维空间

下面几幅图是一个网络运作中心的设计。整个室内空间都以一维的线作为设计的主题，尽可能地把一维直线上的元素表现成平面的物体。同时，把平面的不同区域抽象地反映在一条直线上。这样，许多额外的规划就被省略了。由此，进行一些试验来重现空间感觉与实质的关系。这样通过“线”与“面”的结合我们可以达到反射、透明与不透明结合的目的。

MEGA
Advantage

从两层的中厅开始，来自外层与内部的线条以三维形式绕成类似经线的样子，直线在不同的地方用了不同的材料，有铝板、钢材、地毯、抛光玻璃与三角板。在这样的模拟“电缆”中有一个玻璃盒，代表的正是“网络运作中心”(Network Operation Centre Of Corporation)。玻璃的表面冲淡了物质形态的视觉概念。硬件设施不再是主要考虑的部分。整个办公大楼由内部蔓延的直线与楼梯所组成。

20世纪，人类对世界认识的最大飞跃莫过于新时空概念的提出。在以往的概念中，时间和空间是分隔的，空间在一个平直的几何体系中可以用笛卡儿的三维坐标来表达，而时间作为一个独立的一维连续体，与空间无关，并且在空间的无限连续中始终是均匀的。但爱因斯坦的相对论指出，空间和时间是结合在一起的，一个坐标系的时间依赖于另一个相对移动的坐标系的时间和空间坐标，这样“四维空间”的概念得以建立。

无论艺术家们是否真正理解了爱因斯坦的时空观，但新的时空观确实影响了新艺术形式的产生。

立体主义是最早地把时空概念转化为视觉形象的艺术派别。它利用相对性原理和同时性原理，把不同时刻观察到的对象同时表现出来。雕塑家也采用了类似的手法，从伯西奥尼（U. Boccioni）的“瓶子在空间中的生长”到考尔德的“动态雕塑”，都把时间的概念表现出来。在文学和电影中也有类似的反映。爱森斯坦（SergeyEisenstein）的蒙太奇理论打破了静止地反映剧情的方法，利用剪接手段把剧情、画面按不同的时间顺序任意组合，产生更大的心理效应。

科学和艺术上的新时空观反映在建筑上，则是“有机空间”观。有机空间也就是人们常说的“四维空间”。根据布鲁诺·塞维（BrunoZevi）《现代建筑语言》的论述，“有机空间”的设计方法可以总结为：

1.非对称性和不协调性。根据功能需要和视觉效果，而不是几何构图，把空间从僵死的直角、对称中解放出来。

2.反古典的三维透视法。过去设计师们僵化地使用透视，使自己脱离了实际的空间感受，而只会用直尺在三维图面上作设计，使得透视成为禁锢想象力和直觉的工具；“有机空间”的设计方法要求设计师们抛弃透视法，另辟新路。

3.四维分解法。即把封闭室内空间的六个面打开，使其自由地存在，向四周自由地发展，既突破了面与面之间一定要闭合的束缚，又突破了室内空间与室外空间的不连续。这种分解法，使空间不再有限，而构成流水般的动感，随着时间因素的加入，动态空间取代了古典的静态空间。

4.利用新的结构形态，使空间的塑造更加自由。

5.时空连续。

6.建筑、城市和自然景观的结合。

这些“有机空间”的设计原则和“功能原则”，一起构成了现代设计最基本的语言。在大师们的作品中，能欣赏到这些原则淋漓尽致的发挥：赖特在古根海姆博物馆的室内设计中，把坡道作为主要的行进道路和参观路线，达到了时空连续；密斯的范斯沃斯住宅，大面积玻璃的运用，打破了室内外空间的界限，把自然景观引入室内来；柯布西埃的朗香教堂，变幻莫测的室内光影，以及有机形体与环境的完美结合，把时间和空间融合在一起；奥托的维内克斯教堂内部自由奔放的曲线为现代主义空间的人性化做出了贡献……

十四、以知觉作为设计的主题

这里我们先把感觉和知觉的概念做一下解释与区别。感觉，是大脑对直接作用于感觉器官的客观对象的个别属性的反映。简言之，即从生理历程所得到的主观映像。知觉是人脑对直接作用于感觉器官的客观事物和主观状况整体的反映。客观事物首先是被感觉，然后才能进一步被知觉。知觉以感觉为前提，但不是感觉的简单相加，而是从心理历程所得到的经验。我们平时所说的“艺术感觉”，其实是指艺术知觉而言，大概是为了强调直观感受的特点，一直沿用“感觉”一词，虽不严格，却已约定俗成。根据知觉对象的性质，可以把知觉分为空间知觉（反映事物的大小、形状、远近、方位等空间特性）、时间知觉（反映事物运动过程先后、长短的延续性和顺序性）、运动知觉（反映自身和物体在空间中的位置移动）。

以知觉强调空间进深。所谓进深，是指前后的距离。强调进深就是在有限的前后距离中创造出超越有限距离或者是无限的进深效果来。其基本技法是利用人们的透视经验或者造成悬念。例如：加强透视线消失的角度、造成虚假的立体、中心偏移、形的层叠、形的大小渐变、隐藏灭点……

以知觉强调空间流动感。主要是空虚形态的扩张作用。通过“分隔和联系”“引导和暗示”创造出空间的渗透感和层次，使其流动而得以扩展空间。中国传统园林布局中很讲究“对景”“借景”，就深得扩大空间的奥秘。

利用视错觉。视错觉就是当人或动物观察物体时，基于经验主义或不当的参照形成的错误的判断和感知。有一些视错觉是可以纠正的，但有一些视错觉是不可避免的。在室内设计中，我们要利用的，就是不可避免的那一部分。

1.矮中见高。这是在室内设计中最为常用的一种视错觉处理办法。方法就是把居室的共同空间中的一部分做上吊顶，而另一部分不做，那么没有吊顶的部分就会显得变“高”了。

2.虚中见实。通过条形或整幅的镜面玻璃，可以在一个实在空间里面制造出一个虚的空间，而虚的空间在视觉上却是实的空间。这一种视错觉的利用，也是室内设计师常用的。

3.冷调降温。这一点，实质上是属于色彩心理学的章节，但也是利用视错觉原理的一种办法。例如，当我们在厨房大面积使用一些深色时，那么我们待在里面，就会觉得温度下降2℃～3℃（感觉，非科学数据）。

4.粗中见细。在实木地板或者玻化砖等光洁度比较高的材质边上，放置一些粗糙的材质，例如复古砖和鹅卵石，那么光洁的材质会越显得光洁无比。这就是对比下形成的视错觉。

5.曲中见直。在一些建筑的天花板处理上，往往并不是平的，当弯曲度不是很多的情况下，可以通过处理四条边附近的平直角，从而造成视觉上的整体平整度。

在室内设计中，我们很多时候可能为了产生特殊或更佳的效果，也可以是为了改善某种缺陷而利用视错觉，但需要注意的是，视错觉的利用，不能泛滥，大量地、过分地使用视错觉，会引起视幻觉。视幻觉就是视觉出现毫无事实根据的想象，它是一种不健康的视觉状态。例如，我们在居室中大量地使用镜子，这面墙有镜子，那面墙也有镜子，镜子又分大大小小各种形状的拼块，这样过分的视错觉，就会扭曲人的正确判断，以至认为真的也是假的，但又不能确定假的是不是真的，人的眼睛就会出现持续不健康的视错觉，长期待在这种过分的视幻觉环境，会引起健康问题，这是值得注意的。

正是因为这种原因，在室内设计中，使用视错觉，应对使用的处理做出正确的交代，要让人知道你是经过处理的，而他们知道后又能不影响感知的享受，这就是视错觉利用的一个关键问题了。例如，我们在制造虚拟空间的镜子前面，做一个竖向或横向的木格加以切割，这就可以大大减轻对视觉的扭曲。

十五、以构成确定设计的主题

建筑的目的是创造空间，空间的价值在于为人所利用，室内空间就是指建筑内部的空间。因此我们应该有两种概念，一是室内空间因建筑形式自然形成，二是室内空间是由几何形态组合而成。与建筑的关系来讲，是整体与局部的关系，外形与内容的关系，没有建筑就没有室内空间。从形态构成来讲则是点、线、面的组合关系。

室内设计中，空间是一个重要的概念，掌握并熟悉空间的设计方法才能完美地完成设计工作。作为室内设计师必须对空间概念有一种专业水准的认识。我国古代哲学家老子在天道观中就阐述了空间的概念：“道生一、一生二、二生三，三生万物”，“天地万物生于有，有生于无”“凿户牖以为室，当其无，有室之用。故有之以为利，无之以为用”。老子不但清晰地阐述了空间的道理，而且以有形与无形的哲学观充分地论证了空间。

对无形空间我们缺乏直观认识，它是弥漫扩散的，如同宇宙空间一样。对我们能感觉到的有形空间便能感受到物质的存在关系，感受到周围空间的三维关系，即前后、左右、上下等位置关系。并且可以用几何学的点、线、面来解释空间关系，也就是说，空间的存在通过我们的感受是可以认识、体验的。

建筑是由不同的室内空间构成的，空间因建筑形式而自然形成。通常最容易解释室内空间构成关系的是几何学原理，从几何学的观点来看，一切空间都是由点、线、面组成的，从点开始，点与点连成线、线与线连接成面。

点、线、面作为几何形要素是有形的，而围隔它们的是“无形”的内部空间。除“有形”与“无形”的空间之分，还有外部空间和内部空间之分，而内外之分的主要标志是建筑隔墙。

世界上的一切物质都是通过一定的形式表现出来的，室内空间的表现也不例外。建筑就其形式而言，就是一种空间构成，但并非有了建筑内容就能自然生长、产生出形式来。功能决不会自动产生形式，形式是靠人类的形象思维产生的，形象思维在人的头脑中有广阔的天地。因此，同样的内容也并非只有一种形式才能表达。研究空间形式与构成，就是为了更好地体现室内的物质功能与精神功能的要求。形式和功能，两者是相辅相成、互为因果、辩证统一的。研究空间形式离不开对平面图形的分析和空间图形的构成。

空间的尺度与比例，是空间构成形式的重要因素。在三维空间中，等量的比例如正方体、圆球，没有方向感，但有严谨、完整的感觉。不等量的比例如长方体、椭圆体，具有方向感，比较活泼，富有变化的效果。在尺度上应协调好绝对尺度和相对尺度的关系。任何形体都是由不同的线、面、体所组成。因此，室内空间形式主要决定于界面形状及其构成方式。有些空间直接利用上述基本的几何形体，更多的情况是，进行一定的组合和变化，使得空间构成形式丰富多彩。

建筑空间的形成与结构、材料有着不可分割的联系，空间的形状、尺度、比例以及室内装饰效果，很大程度上取决于结构组织形式及其所使用的材料质地，把建筑造型与结构造型统一起来的观点，越来越被广大设计师所接受。艺术和技术相结合产生的室内空间形象，正是反映了建筑空间艺术的本质，是其他艺术所无法代替的。

例如下图奈尔维设计的罗马奥林匹克体育馆，由预制菱形受力构件所组成的圆顶，形如美丽的向日葵花，具有十分动人的韵律感和完满感，充分显示设计师的高度智慧，是技术和艺术的结晶。

由上可知，建筑空间装饰的创新和变化，首先要在结构造型的创新和变化中去寻找美的规律，建筑空间的形状、大小的变化，应和相应的结构系统取得协调一致。要充分利用结构造型美

来作为空间形象构思的基础，把艺术融化于技术之中。这就要求设计师必须具备必要的结构知识，熟悉和掌握现有的结构体系，并对结构从总体至局部，具有敏锐的、科学的和艺术的综合分析。

结构和材料的暴露与隐藏、自然与加工是艺术处理的两种不同手段，有时宜藏不宜露，有时宜露不宜藏，有时需现自然之质朴，有时需求加工之精巧，技术和艺术既有统一的一面，也有矛盾的一面。

同样的形状和形式，由于视点位置的不同，视觉效果也不一样。因此，通过空间轴线的旋转，形成不同的角度，使同样的空间有不同的效果。也可以通过对空间比例、尺度的变化使空间取得不同的感受。例如，中国传统民居以单一的空间组合成丰富多样的形式。

现代建筑充分利用空间处理的各种手法，如空间的错位、错叠、穿插、交错、切削、旋转、裂变、退台、悬挑、扭曲、盘旋等，使空间形式构成得到充分的发展。但是要使抽象的几何形体具有深刻的表现性，达到具有某种意境的室内景观，还要求设计者对空间构成形式的本质具有深刻的认识。

20世纪20年代初，西方现代艺术发展中，出现了以抽象的几何形体表现绘画和雕塑的构成主义流派，它是在受到毕加索的立体主义和赖特有机建筑的影响下，掀起的风格派运动中产生的。构成主义把矩形、红蓝黄三原色、不对称平衡作为创作的三要素。具有代表性的是荷兰抽象主义画家蒙德里安（1874—1944），用狭窄的黑带将画面划分为许多黑、白、灰和红、蓝、黄三原色方块图。

随后，里特维尔德（1888—1964）根据构成主义的原则，设计了非常著名的红、蓝、黄三色椅，至今还在市场上广泛流传。当时俄国先锋派领袖康定斯基的第一幅纯抽象作品已在1910年问世，至1920年，塔特林为第三国际设计的纪念碑，是最有代表性的构成主义作品，虽然没有建成，但1971年在伦敦旋转艺术展览中复制了这个作品，能使大家一睹它的风采，在这个时期绘画、雕塑和建筑三者紧密联系和合作，都以抽象的几何形体和艺术表现的手段而走上同一条道路，这绝不是偶然的。

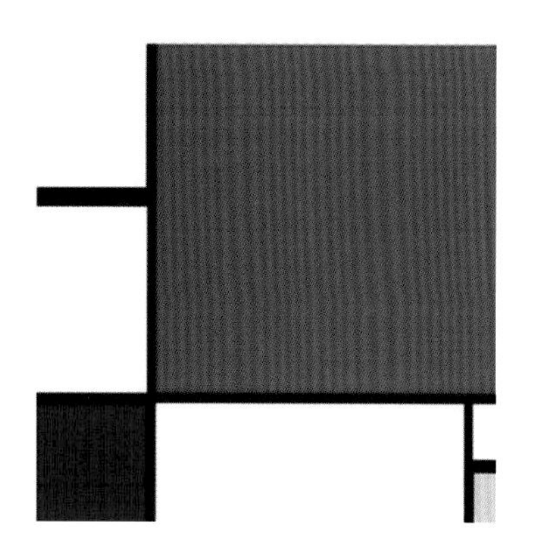

荷兰抽象主义画家蒙德里安

三色椅

从具象到抽象，由感性到理性，由复杂到简练，从客观到主观，没有一个艺术家能离开这条道路，或者走到极端，或者在这条路上徘徊。我们且不谈其他艺术应该走什么道路，但对建筑来说，由于建筑本身是由几何形体所构成，不论设计师有意或无意，建筑总是以其外部的体量组合，由内部的空间构成，呈现于人们的面前，承认建筑是艺术也好，不承认建筑是艺术也好，建筑这种存在的客观现实，是不以人们的意志为转移的，人们必须天天面对它，接受它的影响。因此，如果把建筑艺术看作一种象征性艺术，那么它的艺术表现的物质基础，也就只能是抽象的几何形体组合和空间构成了。

十六、以地域文化确定设计的主题

以地域文化确定设计的主题是指以大环境范围内的自然、地理山川、历史文化、建筑古迹等对所设计的室内空间产生脉络延续或再现的思维方法。所谓大环境亦是相对而言。室内空间与建筑、与城市、与地区、与国家均可谓大环境。

所谓设计的地域性，是指设计上吸收本地的、民族的、民俗的风格以及本地域历史所遗留的种种文化痕迹。地域性在某种程度上比民族性更具狭隘性或专属性，并具有极强的可识别性。由于许多极具地域性的民俗、文化及艺术品均是在与世隔绝的状态中发展演变而来的，即使是在经过有限的交流和互通下，其同化和异化的程度也是有限的，因而其可识别性是非常明确的，譬如同是刺绣品，湘绣和苏绣则相去甚远。另一方面，同一地区不同时期所形成的文化和民俗及文物也有所不同，这是由于时间段所造成的。正如我们所看到的同是吴地的家具，明朝与清朝的差别是很大的。

而地域性的形成离不开三个主要因素：1．本地的地域环境、自然条件、季节气候。2．历史遗风、先辈祖训及生活方式。3．民俗礼仪、本土文化、风土人情、当地用材。正由于上述的因素，才构架出地域性的独特风貌。在现代设计中，体现地方主义特色的设计师大有人在。

芬兰梅里别墅，由阿尔法·阿尔托于1937—1939年在典型的芬兰林区建造。这所别墅四周的森林启发了别墅室内许多木柱形状，自然风光在巨大的窗户外延续。

早在战后的日本现代建筑中已得到体现，丹下健三的广岛原子弹受害者纪念公园、香川会所的设计，都广泛吸收了日本当地的民族、民俗

建筑动机，比较早地体现出地方主义的发展趋势。以后一系列日本当代建筑家的作品，都有类似的探索趋向。地方主义不同于地方传统建筑的仿古、复旧，地方主义依然是现代建筑的组成部分，在功能上、在构造上都遵循现代的标准和需求，仅仅在形式上部分吸收传统的动机而已。

对地方主义所倡导的设计基本有四个途径：

1.复兴传统风格设计：这种方式也被称为“振兴民俗风格”，或者“振兴地方风格”手法。其特点是把传统、地方建筑的基本构筑和形式保持下来，加以强化处理，突出文化特色，删除琐碎的细节，基本是把传统和地方建筑及室内加以简单化处理，突出形式特征。比较突出的代表性建筑及室内包括泰国布纳格建筑设计事务所1996年设计的印度尼西亚巴厘岛的诺维特·别诺阿旅馆，新加坡建筑家贝德玛1997年设计的瑞士俱乐部路会所，等等。这几个建筑和室内基本都是采用了比较纯粹的民俗建筑和室内特征，强化了形式特点，突出了地方特色而省略了传统、地方建筑的部分细节，效果很突出。

国内北京贵宾楼饭店地处紫禁城东侧旧皇城一角，其室内设计围绕着皇城京城地域的文化，采用与众不同的建筑室内设计手法，诸如蓝天白云下金色的琉璃瓦屋顶在阳光下熠熠生辉；客房全部采用花梨木家具，与古典字画相配，将东方文化的精髓演绎得淋漓尽致；表现华夏文化的图文地毯；中国红的大面积墙面，等等。这些原汁原味的地域文化符号被引用到现代室内设计中，营造了幽静恬然的皇城帝王之梦的氛围。

2.发展传统设计：这种方式具有比较明显的运用传统、地方设计的典型符号来强调民族传统、地方传统和民俗风格。与第一种类型相比较，这种手法更加讲究符号性和象征性，在结构上则不一定遵循传统的方式。比较典型的例子有泰国布纳格设计事务所1996年在缅甸仰光设计的坎道基皇宫大旅馆，日本建筑家Kazu—hiro lshii 1993年设计的日本圣胡安海洋博物馆，柯里亚1986—1992年在印度斋普尔设计的斋普尔艺术中心，泰国阿基才夫建筑事务所1996年在马尔代夫共和国设计的榕树马尔代夫度假旅馆等都属于这一类型。严格地讲，这两种类型之间其实没有明确的区分，都有依靠传统、地方建筑及室内形式的地方，而建筑的对象也往往是博物馆、度假旅馆这类比较容易发挥传统、地方特色的建筑及室内。

3.对地域文化的重新诠释：这种方式颇接近后现代主义的某些手法。与西方建筑家的手法不同的仅仅在于西方建筑家使用的是西方古典主义的建筑符号，或者西方通俗文化的符号和色彩，而这个流派则主张使用亚洲和其他非西方国家的传统建筑符号来强调建筑的文脉感，作为后现代主义的一个流派来讲，是应该得到提倡的一个途径和方式。比较突出的代表作品包括日本建筑家Waro Kishi

1995年设计的日本京都的一个餐馆建筑，这个建筑采用了非常朴素的钢筋混凝土结构，建筑的支撑使用混凝土柱和钢梁，而且全部暴露无遗，具有某些“构成主义”的形态，但是立面采用了成片垂直的木墙面，木墙面占了整个立面一半以上的面积，使木头体现了传统建筑的符号性，而不是领先形态或者装饰，室内也非常整洁朴素，方方正正，而体现了日本传统室内的工整特征。这一类的设计仅仅是使用了部分地方主义特色，整个设计则是使用了现代结构形成具有地方主义、民族主义特色的后现代主义。联合国组织各国出巨资保护世界各地文化遗产，目的是提倡在现代文化创作中融入民族传统文化的神韵，保持地域文化的特点，“越是民族的也就越是世界的”。地域性是民族风格的重要组成部分，在设计中借鉴传统文化，强调地域性，用全新的建筑语言表达传统的建筑语汇，是室内设计的一个较好创新途径。在设计中强调地域性必将成为21世纪室内设计中的亮点话题，强调地域性与民族风格也就是通达设计的世界性。

登琨艳所作的苏荷天地KTV的空间设计俨然被他演绎成一个江南水乡文化的小型博物馆，并几经精心雕琢，以独一无二的生动模样，迅速成为苏州城内时尚及尊贵的引领者：在这座城中之城里，太湖百年老帆船，被搬到屋里来，飞上了天；原本铺在江南水乡建筑屋顶的青瓦被侧砌到立面的墙上，看起来有如国画里的水波纹一般；原本铺在园林地上的地砖，也被不客气地贴到了墙面上；原本应该装饰在屋顶上华丽的琉璃瓷片，也被戏谑地铺在地上和灯饰上；原本在传统园林院墙开月门的手法，也被他巧妙地用圆形镜子作了置换，从而产生“虚空间”，在视觉上丰富了室内空间的层次，塑造了苏州城里千年的魅艳。

4.文化性的介入：多元化设计思潮的今天，文化性的介入已不可避免，其介入的方式是多重性的。通过室内概念的设计、空间设计、色彩设计、材质设计、布艺设计、家具设计、灯具设计、陈设设计，均可产生一定的文化内涵，达到

苏河天地

其一定的隐喻性、暗示性及叙述性。在上述的手段中，陈设设计最具表达性和感染力，即陈设的范围主要是指墙壁上悬挂的各类绘画艺术、图片、壁挂等各类家具上陈设和摆设的瓷器、陶罐、青铜、玻璃器皿、木雕等。这类陈设品从视觉形象上最具有完整性，既表达一定的民族性、地域性、历史性，又有极好的审美价值，这是目前国内外最常用的手法之一，如纽约文艺复兴酒店酒吧墙壁的雕塑、香港港岛香格里拉酒店中庭巨幅壁画、澳大利亚雷德沃旅馆客房瓷盘、美国凯悦渔夫码头酒店入口楼梯的玄关台。

第三章 室内设计的程序与步骤

本章重点 >>

重点论述室内具体设计过程的四个阶段，即设计准备阶段、方案设计阶段、施工图设计阶段和设计实施阶段。

学习目标 >>

室内设计人员必须抓好设计各阶段的环节，充分重视设计、施工、材料、设备等各个方面，以期取得理想的设计工程成果。

建议学时 >>

24学时。

第三章 室内设计的程序与步骤

第一节////思维程序

设计行为是受思维活动支配的。从设计一开始，设计师就要对名目繁多的与设计有关联的因素，如建造目的、空间要求、环境特征、物质条件等分门别类地进行考察，找出其相互关系及各自对设计的规定性。然后采取一定的方法和手段，用建筑语汇将诸因素表述为统一的有机整体。这种思维过程有很强的逻辑推理，可以概括为部分（因素）到整体（结果）的过程，这就是设计方法所应遵循的特定思维程序。在这种思维程序中，部分与整体的关系表现为部分是整体的基本内容，隶属于整体之中。整体是部分发展和组合的结果。

所谓部分处理，即把将要表现为整体的结构和复杂事物中的各个因素分别进行研究处理的思维过程，由于部分经常表现为自由分离状态，因此，对于设计经验不足的建筑师容易被某个部分因素吸引而忽略其各部分的内在联系，出现方案生搬硬套、东拼西凑的现象。所谓整体处理，就是把对象的各部分、各方面的因素联系起来考虑的思维过程。综合的结果使事物包含着的多样属性以整体展现出来。从这个意义上来说，整体过程是思维程序的决定性步骤。但是，从部分到整体这种传统的设计思维结构，在19世纪以前受到社会科学和自然科学发展缓慢的限制，一直没有显著变化。直到欧洲工业革命，特别是第二次世界大战后，新兴学科的发展日新月异，系统论、控制论、运筹学、生态环境学等学科的发展为在各学科间创立统一语言、建立广泛联系提供了可能。建筑学一旦被划入社会范畴，就日趋与社会总体发生密切关系。因此，建筑师在着手建筑设计时，往往先要对设计对象的社会效果、经济效益、生态环境等做出全面综合考察。只有在可行的前提下，建设者才做出投资的决策。然后建筑师才进入下阶段对因素的部分处理，最后综合产生一个新的建筑整体。这种整体—部分—整体的思维结构是设计方法的重大变革，使建筑设计不再是古典主义学派的单体设计，而是能使人、建筑、环境产生广泛而紧密联系的整体环境设计。

第二节////设计程序

所谓程序，是作为对“设计”结构的一种描述方式，以便从方法学上进一步理解设计的组成部分及其相互关系。设计师从中可以了解如何在相应领域提高自己的设计能力。

一、设计程序的构成

根据现代认识心理学和实际设计过程的分析，我们可以把设计大致分为五个组成部分：输入、处理、构造、评价和输出。

输入——外部条件、内部条件、设计法规、实例资料。

处理——运用逻辑思维的手段，进行分析、判断、推理、综合。

构造——信息的逻辑处理，转化为方案的图示表达。

评价——方案深化、细部设计。

输出——文字、图形、实物模型等。

1.输入

设计师从接到任务书开始着手方案设计，首

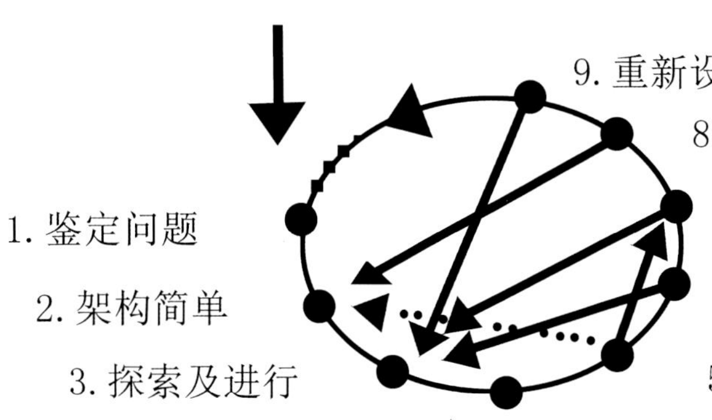

思维回路设计程序图

先面临着要进行大量信息的输入工作，包括：

(1)外部条件输入；

(2)内部条件输入；

(3)设计法规输入；

(4)实例资料输入。

输入信息的目的是充分了解建造的条件与制约、设计的内容与规模、服务的对象与要求。输入信息的渠道可以通过现场踏勘、查阅资料、咨询业主、实例调查等。输入信息的方式一是应急收集，即接到任务书后，为专项设计进行有目标的资料收集；二是信息积累，对于通用的信息资料如规范、生活经验、常用尺寸等要做到平时日积月累，用时信手拈来。

2.处理

所有输入的设计信息非常广泛而复杂，这些原始资料并不能导致方案的直接产生，设计师必须经过加工和处理，从信息的乱麻中理出导致方案起步的头绪。

处理的方法主要是运用逻辑思维的手段进行分析、判断、推理、综合，为找到问题的答案提供基础。

3.构造

信息经过处理后，设计师开始启动立意构思的丰富想象力，由此产生出方案的毛坯，并从不同思路多渠道地去探索最佳方案的解。这样，对信息的逻辑处理在此阶段就转化为方案的图示表达。

4.评价

如何从多个探讨方案中选择最有发展前途的方案进行深化工作，这不像数理化学科可以用对错来判断，却只能是相对而言，在好与不好、满意与不满意之间进行比较。从这个意义上来说，方案设计阶段又是决策过程，评价决定了选择方案的结果，也决定了设计方向和前途。

5.输出

设计的最后成果必须以文字和图形、实物等方式输出才能产生价值。输出的目的一是作为实施的依据。二是对设计师自身能不断评价，调整修正，最后达到理想的结果。三是使设计师的创作成果得到公众的理解和认同。

二、设计程序的运行

从设计的宏观过程来看，设计模型的五个部分是按线性状态运行的，即输入—处理—构造—评价—输出。这就是说，设计从接受设计任务书进行信息资料收集开始，通过对任务书的理解及一切有关信息的处理明确设计问题，建立设计目标，针对这些问题和目标构造出若干试探性方案，通过比较、评价选择一个最佳方案，并以文字、图形等手段将其输出。大多数设计工作是按这个程序完成的，从这个过程来看，设计模型类似一个计算机工作的原理。这样来研究设计模型的结构有助于按各个层面去观察问题，去认识相互关系。

然而，在实际的设计工作中，这五个部分又往往不是线性关系，而是任意两个部分都存在随机性的双向运行。从而形成一个非线性的复杂系统。其运行线路我们无法预知，有时一个信息输入后有可能进入任何一部分，而输入本身也往往受其他部分的控制。总之，各部分之间都处于动态平衡之中。

三、设计程序的掌握

从设计程序的组成来看，设计能力是由五个方面构成，各包含不同的知识领域。在设计模型运行状态中，把知识用于解决问题就成为技能，技能进一步强化便转为设计技巧。因此，掌握设计模型的能力体现在知识的增加和技能的熟练两个方面。

在实际的设计过程中为什么会出现有些设计师的方案设计上路快，设计水平高，表现出设计能力强；而有些设计师的方案设计周期长，设计水平低，表现出设计能力弱呢?这是因为两者对设计模型的掌握存在差别，前者因为设计经验丰富，动手操作熟练，设计技能高明等有利条件使设计模型运行速度快，运行路线短捷，甚至某些部分同步运行，这就大大提高了设计效率和质量。而后者由于与前者相反的原因致使设计模型运行速度慢、运行路线紊乱，导致设计效率低下，问题百出。

因此，得心应手地掌握设计模型的运行是每一位初学设计者和设计师在设计方法上应努力追求的目标。

室内设计就其工作过程而言划分了若干阶段，其目的是使设计进程能逐步变得明朗，变得更可验证，以及便于工种配合，控制设计周期，有利组织管理等。这样，在设计不同阶段设计师将面临不同的问题，将运用不同方法解决各自矛盾。室内设计根据设计的进程，通常可以分为四个阶段，即设计准备阶段、方案设计阶段、施工图设计阶段和设计实施阶段。

第三节/////设计步骤阶段

从整体来看，室内设计的最终结果是包括了时间要素在内的四维空间实体，而它是在二维平面作图的过程中完成的。在二维平面作图中完成具有四维要素的空间表现，显然是一个非常困难的任务。所以调动起所有可能的视觉传递工具，就成为室内设计图面作业的必需。设计教育中对于空间表现就成了设计教育的大部分内容。

一、设计准备阶段

设计准备阶段主要是接受委托任务书，签订合同，或者根据标书要求参加投标；明确设计期限并制订设计计划进度安排，考虑各有关工种的配合与协调；

明确设计任务和要求，如室内设计任务的使用性质、功能特点、设计规模、等级标准、总造价，根据任务的使用性质所需创造的室内环境氛围、文化内涵或艺术风格等；

熟悉设计有关的规范和定额标准，收集分析必要的资料和信息，包括对现场的调查踏勘以及对同类型实例的参观等。

在签订合同或制订投标文件时，还包括设计进度安排，设计费率标准，即室内设计收取业主设计费占室内装饰总投入资金的百分比。

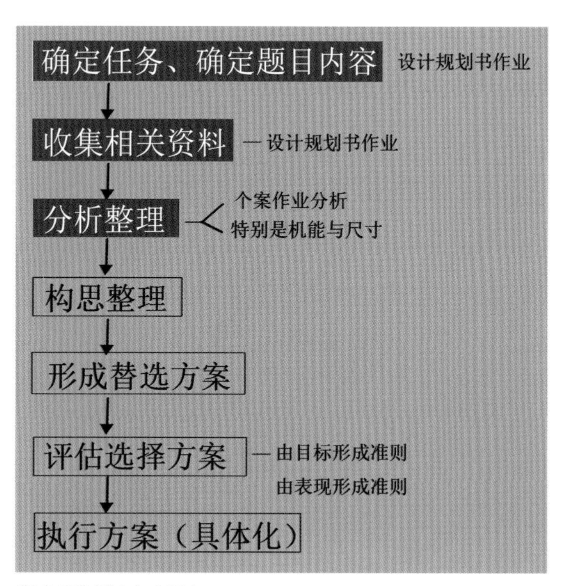

程序思维设计方法明确

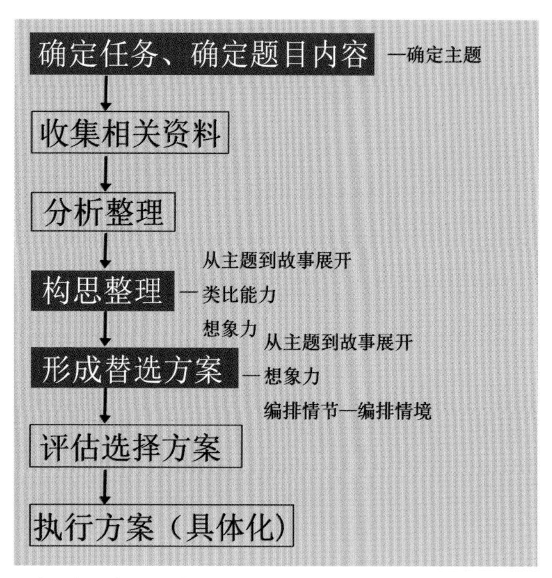

程序思维设计方法明晰

二、方案设计阶段

方案设计是整个设计链中的第一环。它的任务是：依据设计条件提出试探性的图面解，包括协调设计目标与环境的关系，提出空间组织的建构设想，确定结构方式、形式表现的初步解决方法等，在上述工作成果基础上提供为设计以后几个阶段工作的依据。

这就表明，方案设计是从一个混沌的设想开始，设计师由此面临着一个艰苦的探索过程。首先，对所有与设计有关的问题进行详尽的资料收集，而这些资料往往并不都对解决问题产生积极意义。有重要的，也有无关紧要的，更有消极的。如何通过分析、整理，从错综复杂的资料中探索出简单图解的结论并非易事。

由于方案设计要为室内设计进程的若干阶段提出指导性的文件，并成为设计最终成果的评价基础，因此，方案设计就成为至关重要的环节。因为，一开始如果在方案上失策，必将把整个设计过程引向歧途，难以在后来的工作中得以补救，甚至造成整个设计的返工或失败。反之，如果一开始就能把握方案设计的正确方向，不但可使设计满足各方面的要求，而且为以后几个设计阶段的顺利展开提供了可靠的前提。

1.方案比较

（1）比较方案的探索

（2）评价手段的运用

评价指标体系：

政策性、功能性、环境性、技术性、美学性、经济性指标。

2.方案综合

把选出的平面方案优点保留，缺点改正并完善。

3.方案完善

（1）单个房间的平面完善设计

（2）门厅平面的完善设计

（3）辅助房间的平面完善设计

（4）通过合理布置家具设备完善平面设计

方案设计阶段是在设计准备阶段的基础上，进一步收集、分析、运用与设计任务有关的资料与信息，构思立意，进行初步方案设计，深入设计，进行方案的分析与比较。

确定初步设计方案，提供设计文件。室内初步方案的文件通常包括：

1．平面图，常用比例1：50，1：100；

2． 室内立面展开图，常用比例1：20，1：50；

3． 天花图或仰视图，常用比例1：50，1：100；

4．室内透视图；

5．室内装饰材料实样版面；

6．设计意图说明和造价概算。

初步设计方案需经审定后，方可进行施工图设计。

三、施工图设计阶段

施工图设计阶段需要补充施工所必要的有关平面布置、室内立面和平顶等图纸，还需包括构造节点详细、细部大样图以及设备管线图，编制施工说明和造价预算。

四、设计实施阶段

设计实施阶段也是工程的施工阶段。室内工程在施工前，设计人员应向施工单位进行设计意图说明及图纸的技术交底；工程施工期间需按图纸要求核对施工实况，有时还需根据现场实况提出对图纸的局部修改或补充；施工结束时，会同质检部门和建设单位进行工程验收。

为了使设计取得预期效果，室内设计人员必须抓好设计各阶段的环节，充分重视设计、施工、材料、设备等各个方面，并熟悉、重视与原建筑物的建筑设计、设施设计的衔接，同时还须协调好与建设单位和施工单位之间的相互关系，在设计意图和构思方面取得沟通与共识，以期取得理想的设计工程成果。

第四章 设计思维的表达训练

本章重点》

1.运用图解手段处理设计信息并将分析结果转化为具体形态的设计方法。

2.用图和模型捕捉设想和发展设想。

学习目标》

鼓励视觉修养，开拓视觉信息能力，用图解的方法帮助推进思考，将图形表达和思考紧密结合起来，帮助学生养成用图和模型表达设想的习惯。

建议学时》

24学时。

第四章　设计思维的表达训练

对于室内设计来说，正确、完整又有表现力地表达出设计的构思和意图，使建设者和评审人员能够通过图纸、模型、说明等，全面地了解设计意图，也是非常重要的。在设计投标竞争中，图纸质量的完整、精确、优美是第一关，因为在设计中，空间形象毕竟是很重要的一个方面，而图纸表达则是设计者的语言，一个优秀室内设计的内涵和表达也应该是统一的。

第一节////设计的语言

一、设计的语言

按照《现代汉语词典》的解释："语言是人类所特有的用来表达意思、交流思想的工具，是一种特殊的社会现象，由语音、词汇和语法构成一定的系统。'语言'一般包括它的书面形式，但在与'文字'并举时只指口语。"

语言的主要功能在于做出表达，换句话说，以广义的角度来解释的话，所有能够具备表达功能的一切事物都能够被我们视同语言。

室内设计的时空多样性决定了设计语言选取的复杂性。这不是一个简单的语言概念，而是一个综合多元的语言系统。它包括口语、文字、图形、三维实体模型……需要全面的设计表达方式。

二、设计表达的形式(EXPRESSIVE FORM OF DESIGN)

表达，不管是通过文字、数字、音乐还是图形的方式，都能激发出创造力。而创造力的发展依赖于符号与思维之间的关系。

设计的表达属于信息传递的概念，信息"通常需通过处理和分析来提取。信息的量值与其随机性有关，如在接收端无法预估消息或信号中所蕴含的内容或意义，即预估的可能性越小，信息量就越大"。而这种预估在室内设计中恰恰是较大的，几乎所有的人都会对自己将要生活的空间有着某种特定形式的期待，设计所表达的理念如果与之相左，往往很难获得通过。在所有的艺术设计门类当中，室内设计信息的获取是最为困难的类型之一，其原因也就在于信息量很难做到最大。由于设计的最终成品不是单件的物质实体，而是由空间实体与虚空组构的环境氛围所带来的综合感受。即使选用视觉最容易接受的图形表达方式，也很难将所包含的信息全部传递出来。"新制人所来见，即缕缕言之，亦难尽晓，势必绘图作样；然有图所能绘，有不能绘者。不能绘者十之九，能绘者不过十分之一。因其有而会其无，是在解人善悟耳"。在相当多的情况下，同一种表达方式，面对不同的受众，会得出完全不同的理解。因此室内设计的表达，必须调动起所有的信息传递工具才有可能实现受众的真正理解。

现代建筑设计和环境设计在建造之前，我们就依靠看图和绘图来初级沟通，对于既有的环境，我们也可以用绘图来分析及开展改善的工程。绘图主要是用于表达意念，为人与人之间沟通的一个重要媒介。图像比文字更能表达复杂意念，尤其是三维的空间和对象。在不同的情况下，我们会利用不同的图像技巧，由概略的表达至含法律效力的契约。图像主要由点、线、面组成。一般以线条表达图案，粗细线的运用可帮助凸显主体，而不同线条亦有不同的传统含义（如虚线代表隐藏线）。除线条外，颜色的运用亦可加强意思表达。

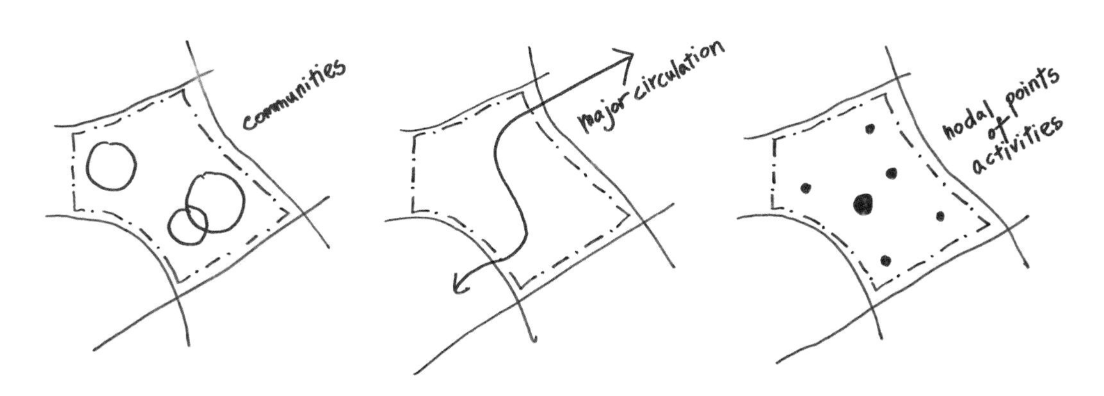

用图表来表达设计意念和突出重点

在工作阶段中，我们必须要把计划规划中的空间需求列在牛皮纸、格纸或其他大家都可以看得到的表格化纸张上。这种呈现方式的重点在于团队的考虑、空间数量的探讨以及每个空间的适当尺寸。因此，每一个表列上的空间名称右侧，都必须详细地列出相对的尺寸，并借此形成一张简单的表格。为了使用上的方便，设计师也可以将同样的表格收录到计划文件当中。

第二节 ///// 图解的方法METHODS OF DIAGRAM

人们要认识世界和改造世界，就必然要从事一系列思维和实践活动，这些活动所采用的各种方式，统称方法。方法是指在任何领域中的行为方式，它是用以达到某一目的的手段的总和。

室内空间的多量向化决定了室内设计语言的多元化。由于图解的方法最接近空间表象的视觉表达，因此在室内设计所有的设计语言中，图解的方法成为行之有效的首选。

一、关系图表

基本的关系图表运用一些小圈圈或小泡泡，每一个小泡泡内都有一个空间名称。首先，我们必须先画出已经过考虑的空间，然后再用其他的泡泡在其附近画出与它相关的空间。一般来说，只有和第一个空间有重要关系的其他空间，才会被画在关系图上。譬如，在住宅中，客厅可能不会和睡眠空间、厨房或车库有重要的关系，所以这些空间并不会出现在显示客厅关系的图面上。泡泡图的绘制十分随意，设计师可以用任意形成的泡泡大致表示不同的空间用途，这些空间用途是根据区域划分原则和通道分类组织的。这些互成比例的泡泡可以表示每个区域的相对大小和重要性。距离和连线表示了区域间和活动间的关系。场所和朝向的信息也可以在图中表示出来。在设计过程中可以多次重排泡泡，从各角度分析区域间、活动间的关系。

「泡泡图表」(bubble diagram) 可用来表示空间的关系

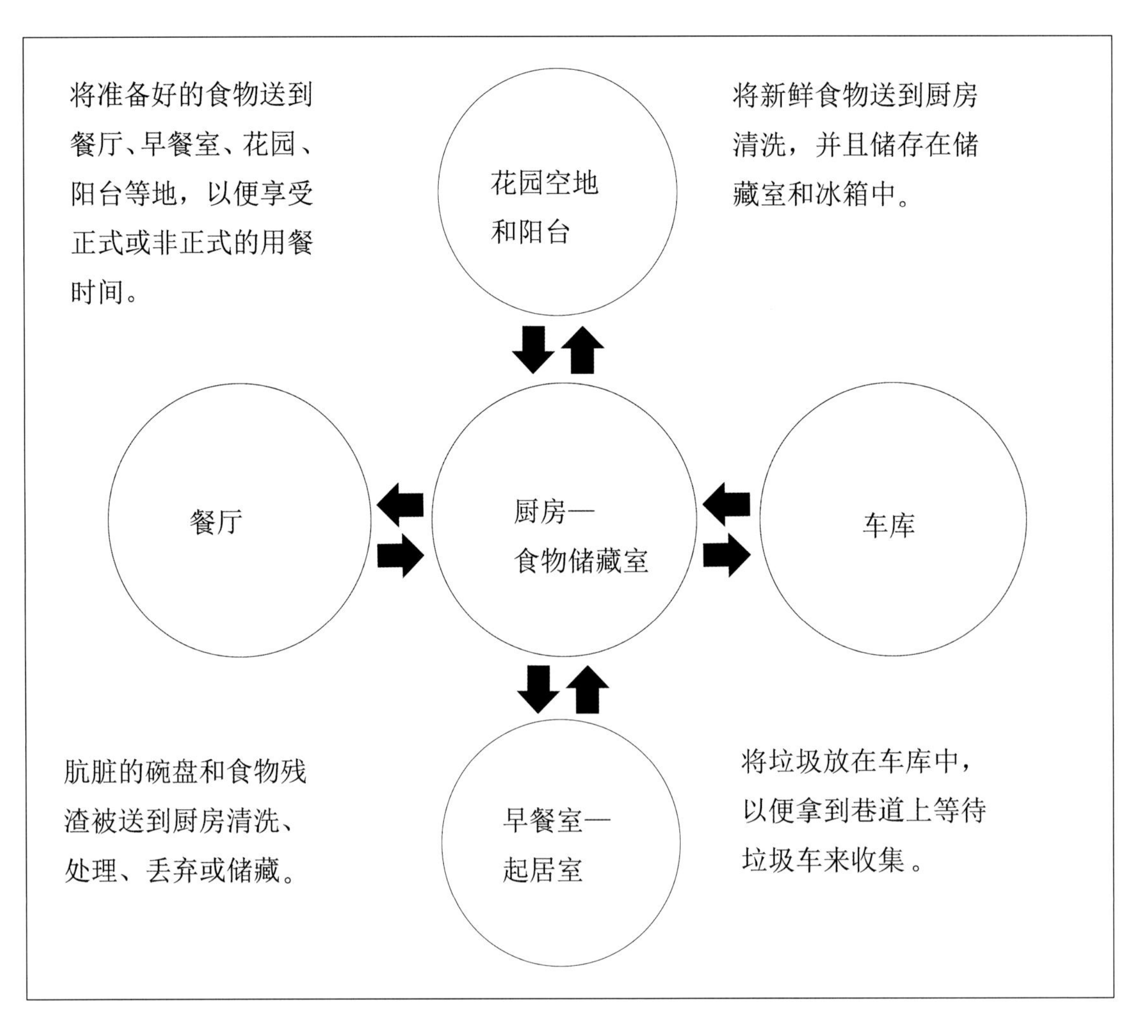

每一个不具方向性的泡泡，都代表着计划书中所确认的空间。位于最中间的泡泡是和其他周遭的泡泡都有关系的空间。空间之间的关系则借由简单的线条来表示。这些线条也可以有不同的粗细、颜色或者其他特性，以便显示各种关系的本质。具有许多不同关系的建筑，则需要以更精致的系统来绘制关系图。最简单的关系图只显示两种不同的空间关系。

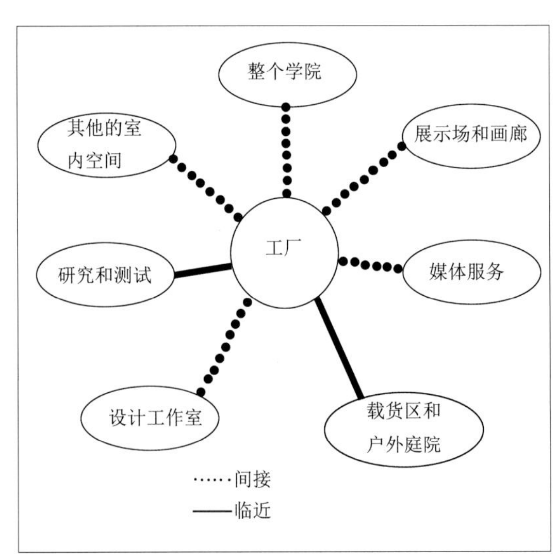

对于比较简单的建筑物来说，我们也可以准备一个类似关系矩阵的图表，这张图表可以显示所有室内外空间之间的关系。

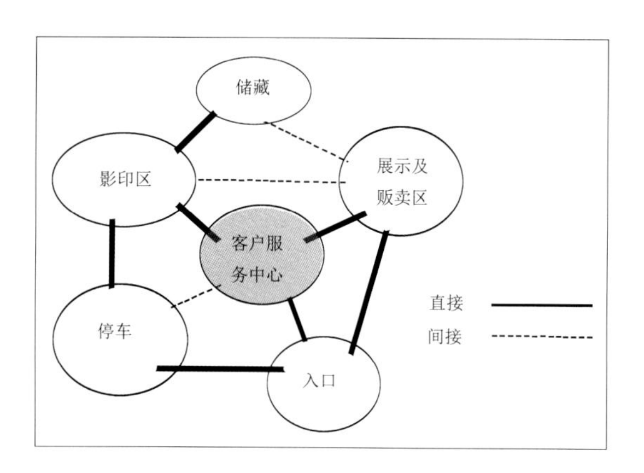

然而，随着建筑物复杂度的增加，如果想要显示一些并不存在的空间关系，就会是相当困难的。在这种状况之下，只要画出建筑物的主要区域即可。

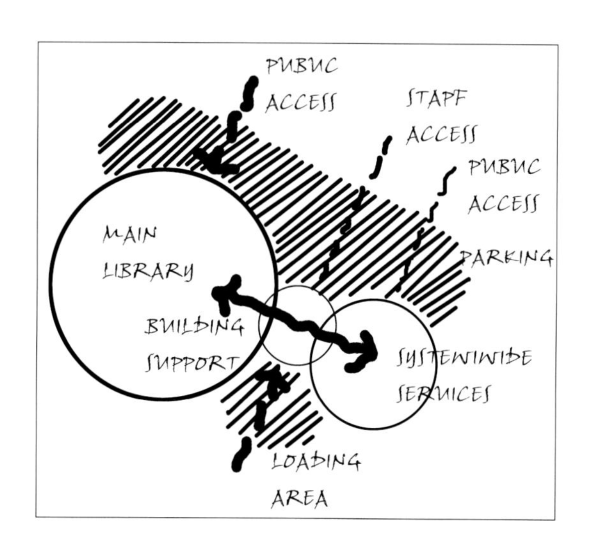

当各个泡泡各自独立时，我们可以用粗黑、中黑和较轻的线条来显示重要、中等和比较弱的空间关系。或者，也可以用更特殊的标示方式来暗示各种视觉、听觉、嗅觉和温度上的关系。这些标示系统必须清楚地显示出设计师必须要知道的信息，以便提供足够的空间和活动信息。

在建筑计划的目的之下，关系图必须非常简单，使设计者不会把真正的空间关系和现况搞混。如果我们只绘制单一空间的关系图，而不再探究它与其他空间之间的关系，这种明显的关系就可以确保。换言之，计划拟定者不可以一开始就绘制显示所有空间关系的大型图表。和关系矩阵不同的是，这种大型的关系图表会扭曲空间关系，因为和其他泡泡极为接近的泡泡，可能代表着它们二者的关系紧密，但是这种关系实际上却有可能只是空间组织结构中的人为结果。

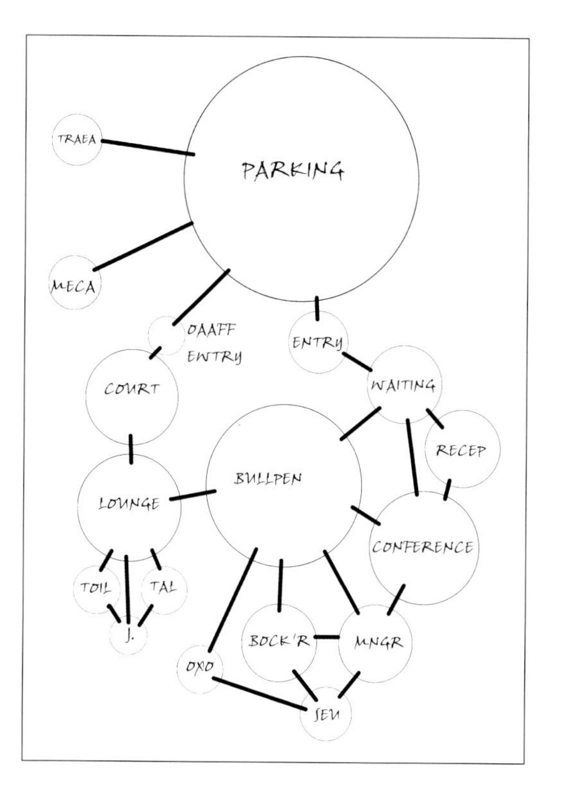

在一个大型或内部空间关系复杂的建筑物中，其空间泡泡图的泡泡之间，可能会出现许多重叠的关系线条，而使整个关系图变得复杂且容易混淆。重新组织一张比较不那么容易产主混淆的泡泡图，可以预先将最后的设计具体化。因此，对设计者来说，最好针对每一个空间、部门或区域分别绘制泡泡图。有时候，在传达复杂的空间信息时，采用图表的方式会更有效率。

空间配置标准

一层

空间	入口	街道	校园	服务	日照	景观	户外	
中庭	●		●		●	●		24
炉柜边	●		●		●	○	○	24
影印中心	○	●		○				14
报刊柜	●							14
学生的锁柜	°				×	×		24
学生的邮箱	°	●						24
浴室					×	×		24
学生活动室	○	●			●	●		8
管理中心	°	●			●	●		14
设施/事件处理中心	°	●			●	●		8
询问台	●		○					14
系馆	○		●		●	●	○	24
隐秘的交谈空间	●		●		●	●	°	24
领导中心	○		○		●	○		8
通路和福利中心	○		○		●	○		8
会议室	○		○		○	○		24
邮局	°	°			°			24
大学	○		○		●	●		24
学生俱乐部	○		○		○	○		24
自动贩卖机								24

法规

●

○

°

×

时间

8=8am—5pm

14=8am—5pm

24=整天

事实上，要发展出一套清楚易懂的图表系统来解释设计里的所有关系，是相当困难的。因此，通常都必须结合各种图表、流程图和文字来表示。基本的邻近关系可以用关系图来表示，而特殊的感官隔离或连接关系，则可以用具有简单说明文字的图表来代表。

计划拟定者必须避免在初始的关系图中预先建立设计概念。然而，如果业主坚持采用特殊的设计想法或设计方式，就必须先将此想法与设计师沟通，至少让设计师在设计过程中预先考虑这些想法。设计师通常具有挑战这种预设设计概念的权利，也有说服业主接受不同设计决定的权利。

我们必须发展出一个包含所有空间的关系图，对于一个大型的公司组织来说，就是要包含所有不同部门之间的空间关系。然而，必须要注意的是：我们必须要将所有先前的空间关系分析

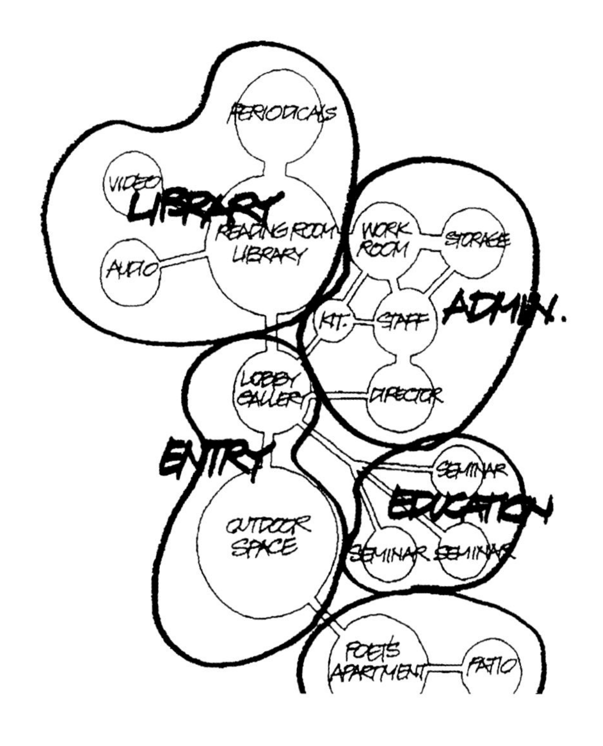

都已经理清之后，才绘制这种关系图，因为经过空间分析之后，所有的部门或活动都已经被确认，而且归属于不同的空间单元之间。举例来说，在一栋办公建筑当中，每一个公司的部门都会需要一个和影印设备之间的良好动线。这是不是表示每一个部门都需要自己的影印空间，或者可以设置一个便利各个部门的影印空间呢？在做决定之前，必须要先对该公司组织有清楚的认识。同样，业主应该把行政部门独立，或者将行政人员散布在各个不同的部门当中呢？只有在活动区域或组织单元可以清楚地被区隔时，才可以将这种关系绘制在整体关系图上。当设计师知道这些信息之后，该空间关系图对设计来说，就可以显示出适当的整体概念组织关系。

二、从视觉思考到图解思考

(TRANSFORMATION VISUAL THINKING TO GRAPHIC THINKING)

室内设计图形思维的方法实际上是一个从视觉思考到图解思考的过程。

视觉思考是一种应用视觉产物的思考方法，这种思考方法在于：观看、想象和作画。在设计的范畴，视觉的第三产品是图画或者速写草图。当思考以速写想象的形式外部化成为图形时，视觉思维就转化为图形思维，视觉的感受转换为图形的感受，作为一种视觉感知的图形解释而成为图解思考。

“图解思考过程可以看作自我交谈，在交谈中，作者与设计草图相互交流。交流过程涉及纸面的速写形象、眼、脑和手。”(保罗·拉索语)这是一个图解思考的循环过程，通过眼、脑、手和速写四个环节的相互配合，再从纸面到眼睛再到大脑，然后返回纸面的信息循环中，通过对交流环的信息进行添加、消减、变化，从而选择理想的构思。在这种图解思考中，信息通过循环的次数越多，变化的机遇也就越多，提供选择的可能性越丰富，最后的构思自然也就越完美。

三、构思图解(The Ideamgram)

速写草图早已被看作是出自相似的产物。在草图中寻找设计灵感，草图中所表达的种种可能在某种程度上说是激发原创力的源泉，著名设计师伍重在悉尼歌剧院的设计中就是以一张不经意的草图而一举中标，从此走向成功的，由此可见，在勾勒草图时往往在随意之中会迸发出设计的灵感火花。

年过七旬的德国建筑设计师麦哈德·冯·格康每天工作十小时以上，精力充沛，每天可以喝下一两瓶葡萄酒，几乎从不运动，却仍然保持着旺盛的思想活力。他设计了柏林莱尔特新中心火车站的草图与最终效果。还有他在北京设计的基督教会海淀堂的构思草图与最终效果。采用纯净的白色，简约的造型，使该建筑特立独行，与众位的商业建筑区分开。

建筑大师运用图解的特点简析：

1.勒·柯布西耶。他所绘制的设计草图常常违反比例规范甚至扭曲变形，而在有些时候，我们看不出所绘制之物，也不求形体的准确，相反，他绘制草图的目的在于说明不同的意图，表达不同的设计意向。他的草图常给人一种视觉上的凌乱，草图风格快速、粗略而扭曲，但却展现了视觉构思中的概念意向,体现了图式思维在设计构思阶段的作用。

勒·柯布西耶设计朗香教堂时绘制的草图

2.赖特。赖特在草图中常喜欢用三点透视来表明他设计的三维构想，很少用三维模型。赖特经常在精确绘制的半成图上通过绘略图的方法继续改进他的设计，但也利用微型图来阐明设计的最初理念。

流水别墅透视图

3.阿尔瓦·阿尔托。阿尔瓦·阿尔托的设计草图快捷而多变、技巧圆熟、表达真实。他的速写与草图记录了设计的发展阶段,反映了阿尔托思想的成熟和明晰以及设计循序渐进的过程。

阿尔瓦·阿尔托绘制

4.路易斯·康。他常常绘制一系列可供选择的设计图在一张图上,然后进行对比和观察, 通过浏览各种设计形式的列表,以记录其他设计形式的活动激发他创造新设计形式的灵感。

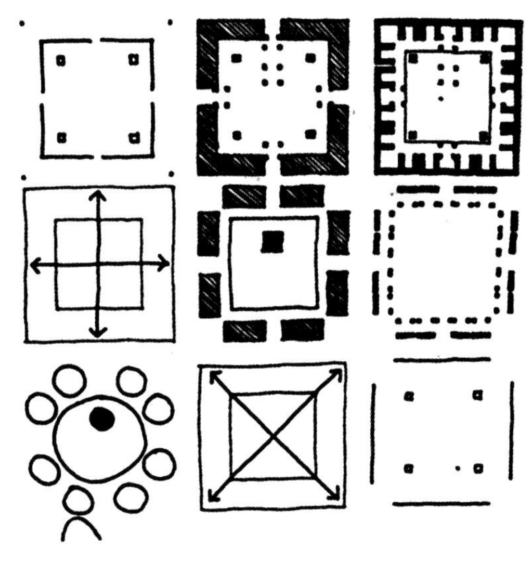

路易斯·康　耶路撒冷何伐犹太教堂构思图

5.密斯。草图以平面图为主,以少量的透视图作为检验景观为了说明构思图解对发展设计意图的潜力,图为构思图解的三个发展阶段。每一阶段右列附有一幅房屋平面简图。从上图横看,将构思图解朴实地转化为房屋形式。这种方法对使用者具有清楚而有力的影响,其效果简单而显著。横看下图,房屋形式出自较复杂的构思图解,房屋也就缺乏上图所表达的简洁性和影响力,然而将提供更为多样的经验。

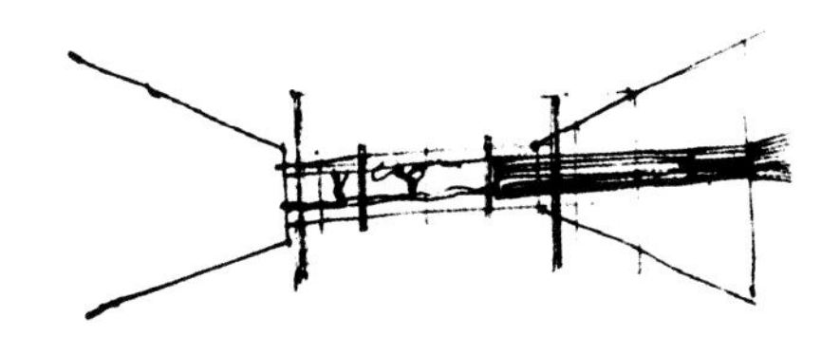

密斯·凡德罗　住宅内部透视图

6.意大利建筑大师伦佐·皮亚诺(Renzo Piano)的草图表达清晰,线条精练至极,偶尔的色彩点缀让画面顿生美感,活泼灵动,是一种自信而成熟的建筑设计思维的直接流露。伦佐·皮亚诺的创作思路和作品让人有种看三维立体画的感觉,第一面远观的整体印象并不足以充分理解它,但当你贴近了再离远了去看它,似乎才能真的看到作品背后的深意。和许多大师一样,他有超强的动手能力,但也有独特的个性。

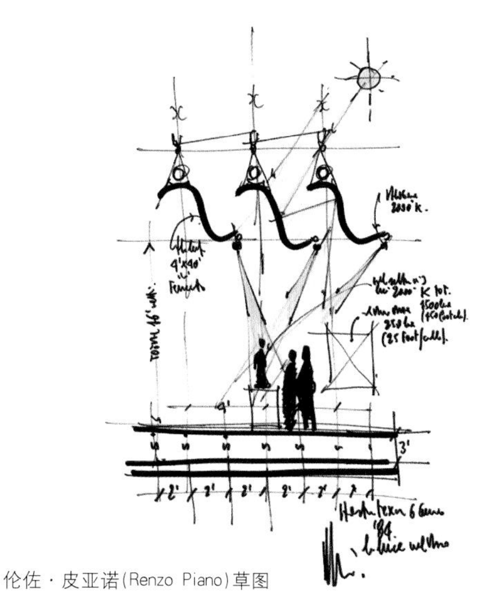

伦佐·皮亚诺(Renzo Piano)草图

四、图解的意义 (SIGNIFICANCE OF DIAGRAM)

图解：图形思维的方法。

就室内设计的整个过程来讲，几乎每一个阶段都离不开绘图。

养成图形分析的思维方式，无论在设计的什么阶段，设计者都要习惯于用笔将自己一闪即逝的想法落实于纸面。而在不断的图形绘制过程中，又会触发新的灵感。这是一种大脑思维形象化的外在延伸，完全是一种个人的辅助思维形式，优秀的设计往往就诞生在这种看似纷乱的草图当中。不少初学者喜欢用口头的方式表达自己的设计意图，这样是很难被人理解的。在室内设计的领域，图形是专业沟通的最佳语汇，因此掌握图形分析的思维方式就显得格外重要。

要掌握室内设计的图形思维方法，关键是学会各种不同类型的绘图方法，绘图的水平因人受教育经历的不同，可能会呈现很大的差别，但就图形思维而言，绘图水平的高低并不是主要问题，主要问题在于自己必须动手画，要获得图形思维的方法和表现视觉感受的技法，必须能够熟练地徒手画。要明白画出的图更多是为自己看的，它只不过是帮助你思维的工具，只有自己动手才能体会到其中的奥妙，从而不断深化自己的设计。即使在电子计算机绘图高度发展的今天，这种能够迅速直接反映自己思维成果的徒手画依然不会被轻易地替代。当然如果你能够把自己的思维模式转换成熟练的人机对话模式，那么使用计算机进行图形思维也是一条可行的路。

使用不同的笔在不同的纸面进行的徒手画，是学习设计进行图形思维的基本功。在设计的最初阶段包括概念与方案，最好使用粗软的铅笔或0.5mm以上的各类墨水笔在半透明的拷贝纸上作图，这样的图线醒目直观，也使绘图者不过早拘泥于细部，十分有利于图形思维的进行。

徒手画的图形应该是包括设计表现的各种类型：具象的建筑室内速写、空间形态的概念图解、功能分析的图表、抽象的几何线形图标、室内空间的平面图、立面图、剖面图及空间发展意向的透视图等。总之一句话，室内设计的图形思维方法建立在徒手画的基础之上。

五、图解的形式与内容 (FORMS & CONTENTS IN DIAGRAM)

图解的形式在于体现思维方式的绘图类型。

图解的内容在于提供设计过程中可供对比优选的图形。设计者在构思的阶段不要在一张纸上用橡皮反复涂改，而要学会使用半透明的拷贝纸，不停地拷贝修改自己的想法，每一个想法都要切实地落实于纸面，不要随意扔掉任何一张看似纷乱的草图。积累、对比、优选，好的方案就可能产生。

设计思维的推导过程：通过图形表达，将不同的设计概念落实于纸面；经过功能分析评价设计概念；过滤外在制约因素，选择最佳设计概念，使之巩固发展；反复推敲细节，使概念逐渐完善，从而进入下一循环。

六、图解的运用 (APPLICATION OF DIAGRAM)

一般的图解语言并没有严格的绘图样式，每一个设计者都可能有着自己习惯运用的图解符号，当不少约定俗成的符号成为那种能够正确记录任何程度的抽象信息的语言，这种符号就成为设计者之间相互交流和合作的图解语言。

如同文字语言一样，图解语言也有着自己的语法规律。就室内设计的图解语言来讲，它的语法是由图解词汇“本体”“相互关系”“修饰”组成。本体的符号多以单体的几何图形表示，如方、圆、三角等；在设计中本体一般为室内功能空间的标志，如餐厅、舞厅、办公室等。相互关系的符号以多种类型的线条或箭头表示，在设计中一般为室内功能空间双向关系的标志。修饰的符号多为本体符号的强调，如重复线形、填充几何图形等，在设计中一般为区分空间个性或同类显示的标志。

当然，以上的图解语法只是在室内设计的概念或方案设计初期经常运用的一般语法。设计者完全可以根据自己的习惯创造新的语法，在图形思维中并没有严格的图解限定，只要能够启发和表现设计的意图，采用任何图解思考的方式都是可以的。

在掌握了基本的图解语言之后，将其合理自然地运用于自己的设计过程，是每一个设计者走向理性与科学设计的必由之路，可以说，成功的设计者无不是图解语言的熟练运用者。

第三节/////设想构绘训练

设想构绘训练，观察、想象和设想构绘这三种技能共同构成了视觉思维的能力。

观察不完全是感觉直觉的事情，其中有判断、归纳的成分；想象是对内在意象的控制和加工；那么，什么是设想构绘呢？

美国心理学家麦金（R. H. McKim）利用格式塔心理学的成果对创新思维进行了进一步的研究，他在斯坦福大学开设的创造性思维训练课程取得了丰硕的成果，总结出“设想构绘”的基本模型。

麦金认为“设想构绘”在实际的操作过程中是“观察（vision）”“构绘（composition）”和“想象（imagination）”三者的有机统一，也就是说，创意构思的过程是三者相互作用的。如果“观看”是基础，“构绘”是手段，那么构思过程的核心就是“想象”。因此想象力是创意设计能力的重中之重。结合艺术设计专业创意特点的要求，我们提出要培养学生的创意能力，首先要求学生做到平时要学会观察。要边看边想，要多动手，并将看到、想到的好创意勾勒出来，要善于想象，将看到的形象进行积极的联想。围绕麦金的“设想构绘”模型，我们建议学生在创意设计学习上应在多观察、多动手、善于想象这三个方面展开训练。

一、构绘表达

用视觉形式表达初步的想法，不仅包括画图，还包括做模型，即构建、绘画，所以只有用构绘这个词，才能把这一切包括在内。设想构绘就是利用图画和模型等手段表达和记录想象的结果，并促进观察和想象深入开展，从而完善设想的一种方式、手段。由此可见，设想构绘不同于目的在于艺术本身的绘画。设想构绘不仅指设计施工图，这些是最终用来向别人表达思维结果的；设想构绘是想象的延伸，是运用视觉符号来捕捉和记录设想，并促使设想发展的手段，这是设想构绘的主要含义。

建筑空间设计是从模糊的抽象地点开始，通过批判的眼光慢慢刻画出来。

美国哲学家纳尔逊·古德曼在他的书《构造世界的多种方式》中谈道：“人们通过运用语言、数字、图画、声音或其他的任何一种符号，各种各样的样式被构造出来，也是通过构造这些样式，从而世界被构造出来。”他把构造世界分析为以下几种方式：①组合与分解；②强调；③排序；④删减与补充；⑤变形。建筑设计是设计师对于某块用地在未来一段时间内某种用途的预想，并通过这些方式构造起来，达到建筑的目的。在构造的过程中需要采用一些方法和手段来达到预先模拟的方式。

工具是设计的手段，用什么样的工具就会创造什么样的成果。可以说在很多时候，设计的方法决定设计的结果。设计首先是对设计的理解，心和手、眼的结合是设计的最直接的方式。动手制作实体工作模型和手绘草图对于设计师来讲是一种行之有效的设计手段，是设计师设计思维的延伸和拓展，是设计师把握复杂项目的有力工具，是设计师相互交流的辅助平台。由于在设计中比较多地使用了模型和草图结合的方法，使设计方案带有自己的特色。

着重推敲建筑内部的空间关系，帮助设计师更好地把握项目尽早发现问题。

设计师自己制作的模型，其材料也许不会很整洁，不必要的细节也会被省略，但表现出的空间关系却是明确的。在设计方案时用模型材料搭建建筑的功能关系所呈现出的是功能平面的空间化体现，分割空间的梁、板、柱、墙会非常直观地出现在空间中，任何一个构件的变化都会引发一连串的空间及形体的变化。用实体模型来进行设计是一种完全动态的过程，在这一过程中，由于方案的反复修改，使得模型各部件不断被拆除和重新搭建，模型推敲完成了，方案设计也就随之完成了。最终呈现出的是一件内外空间关系明确的实体模型。

1.徒手草图

草图最大的优点就是表达迅速，这正好可以作为模型制作慢的有效补充。但有一点需要注意，草图的这种优点用来绘制设计的分析图是比较合适的。换句话说，草图的绘制应该尽量简洁、抽象、极具概括性，重在表现事物的内在关系，这样使用既迅速又准确。

草图在设计师的设计创作过程中起着不可替代的作用。在创作中，设计师的手跟眼以及大脑之间会建立一个比较模糊的配合关系。当一个设计师在大脑中逐渐形成一个比较概念化的想法时，他可以通过自己的手绘草图描绘出这个想法，来确定其概念是否可行，或者做进一步深化。草图的形式有各种各样，依据个人的习惯，顺手和能够快速表达为最好，重要的是要表达出设计师的设计意图。

依据不同的用途,大体上可以归为以下三类：

第一类，概念和构思。草图是捕捉创意灵感最有效、最便捷的工具，一个设计师所画出的每一个线条都代表他的基本的功力水平，表达着他对设计的基本感知和表达能力。草图中所表达的种种可能在某种程度上说是激发原创力的源泉，著名设计师伍重在悉尼歌剧院的设计中就是以一张不经意的草图而一举中标，从此走向成功的，由此可见在勾勒草图时往往在随意之中会迸发出设计的灵感火花。

伍重悉尼歌剧院草图

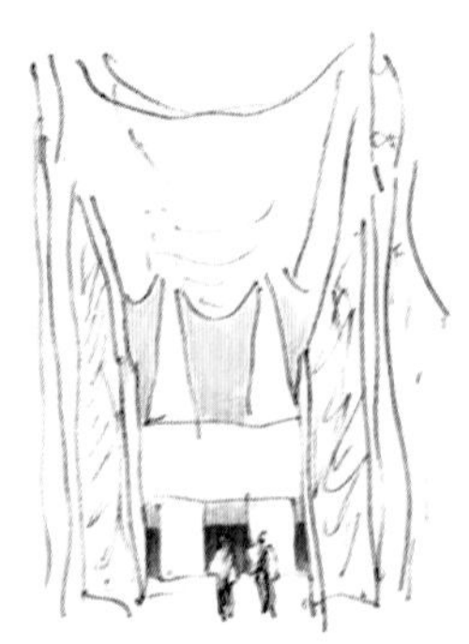

伍重科威特国民议会大厦草图

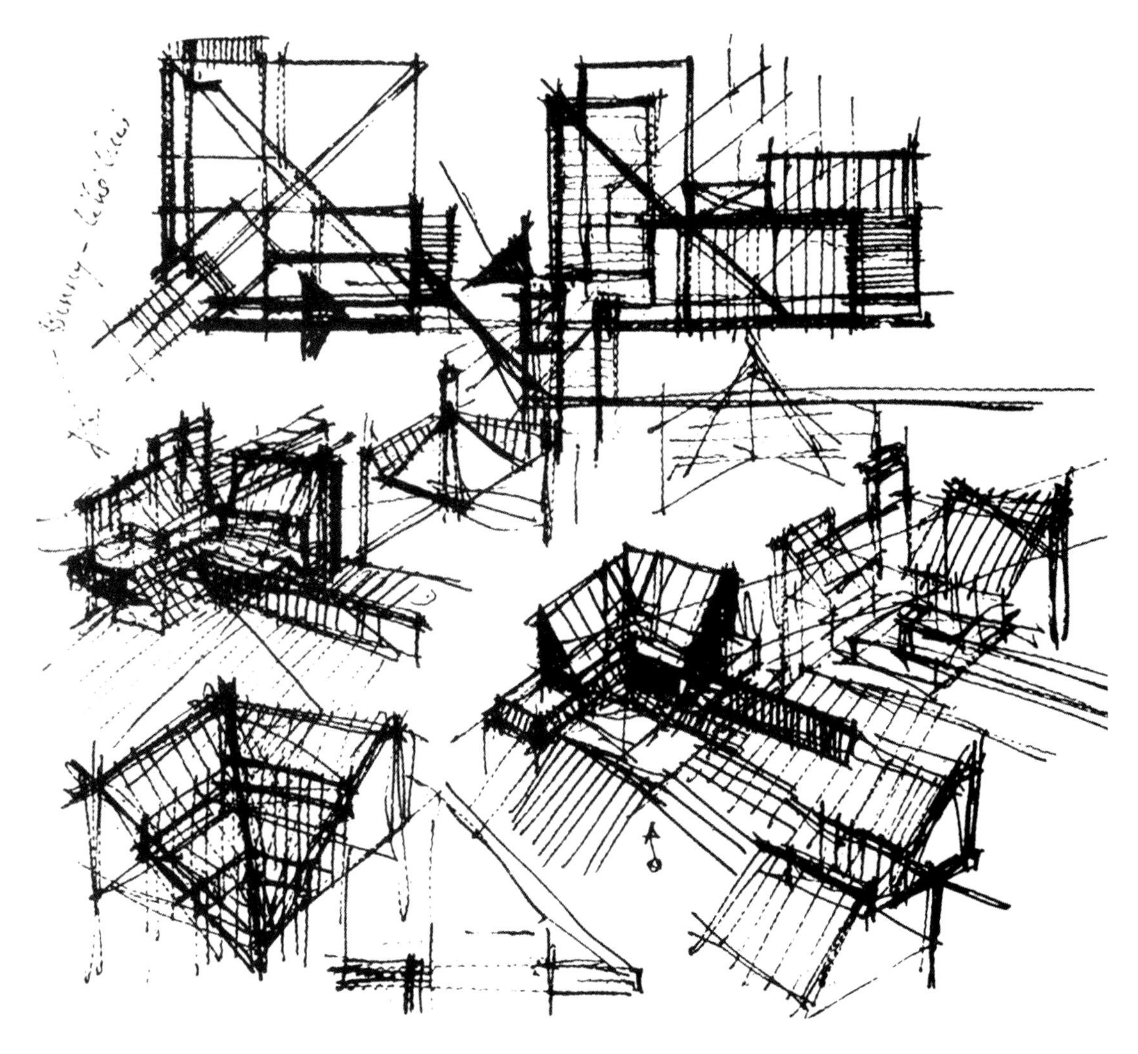

画在餐巾布背面的SIEGLER住宅构思草图　戴维·斯蒂格利兹

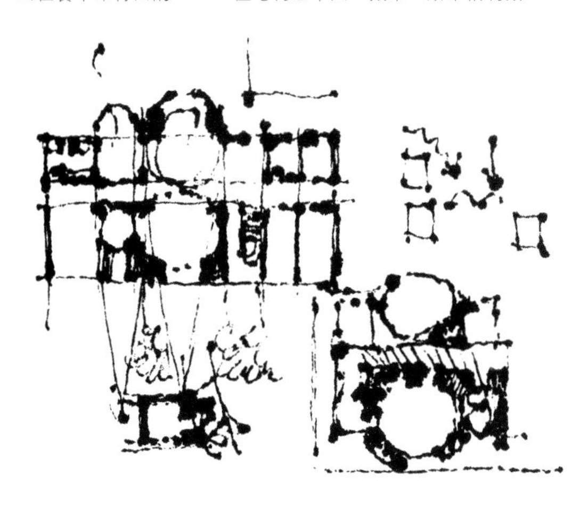

草图

一个想法迅速形成时需要设计师很快地去验证，这时草图可能很草，可能就是一堆乱线，也可能就是几个圆圈，观众可能根本看不懂这张草图，但对于正在创作的设计师来说却是用于确定自己想法最为有效和迅速的方法。比如贝聿铭先生在创作华盛顿国家美术馆东馆时的草图，只有一条轴线和几个三角形，但这张草图却已经确定了这栋不朽之作的雏形，是贝聿铭用来很快地确认自己想法的有效工具，让想法明确的同时记录和保留这些想法。

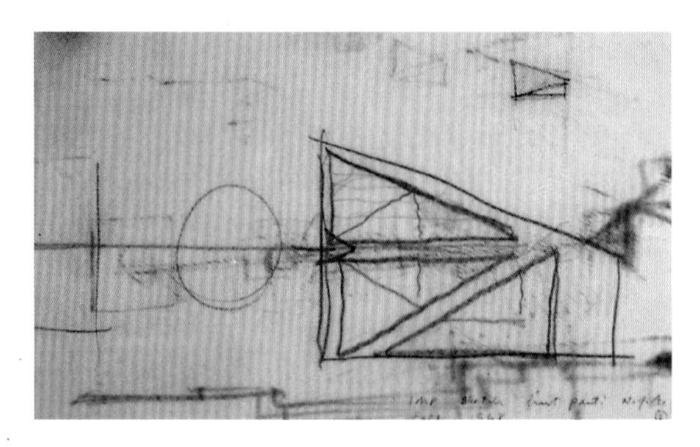

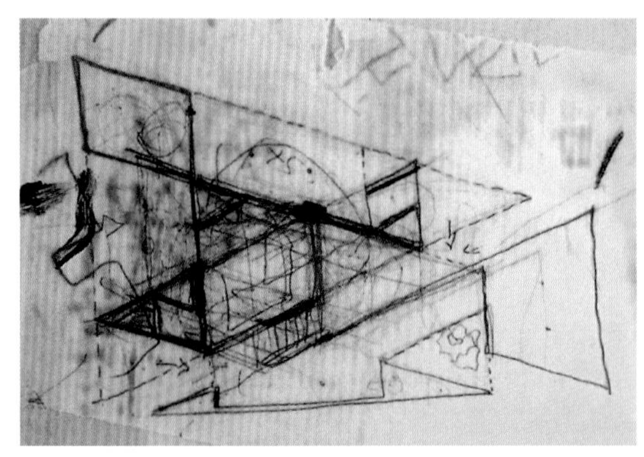

贝聿铭华盛顿国家美术馆东馆草图

第二类，深入研究。设计师在整个设计过程中会经历不同阶段的设计和深化。每个阶段需要解决的问题有所不同，但草图却始终可以辅助设计师完成每个阶段的设计任务。在方案阶段，可以通过草图研究方案的不同趋向，迅速地勾勒几个不同方向的方案，草图就能很快地将总体感觉明确化并提到可以讨论的深度。在初步设计和施工图设计过程中也可以将细部、节点通过草图反复研究。设计师利用草图将自己的想法确定下来并通过草图将设计进一步研究和深化，最终设计出具有特点的建筑细部设计来。在施工图的过程中，很多的设计节点首先是通过草图研究来完成的。

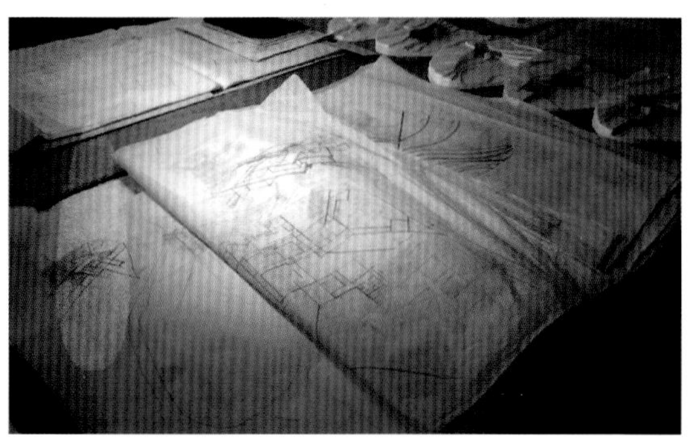

波尔多建筑学院一年级学生草图，画在透明硫酸纸上适合反复推敲修改，深入研究。

第三类，表达和交流。作用是在同事之间讨论或者对业主快速传达自己设计的意图。无论是针对业主的，还是针对设计师内部的讨论，简单化的草图可以表达总体的概念和大体的感觉，这时草图起到的是表达作用，将设计意图传达给其他人并提供讨论的可能。这时草图就不能像上面我们说的两种类型，必须具有一定的表达能力，比如借助多种表达手段和工具，可以是草图纸马克笔、彩色铅笔，也可以是混合的各种形式。

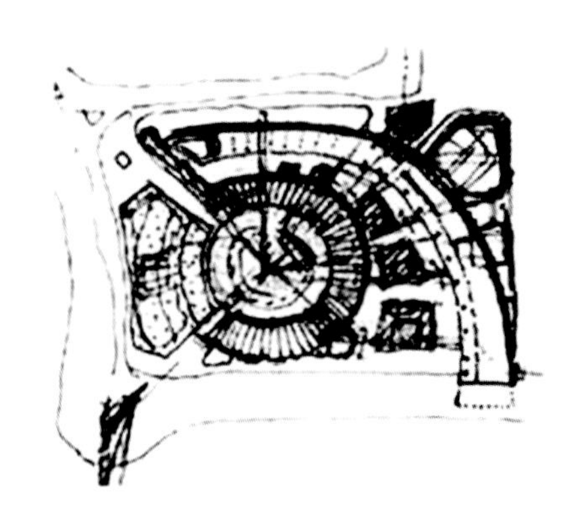

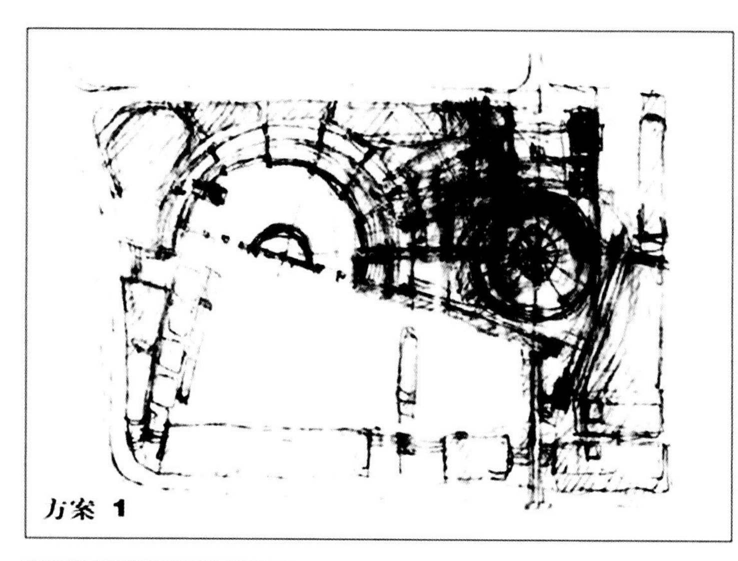
方案 1

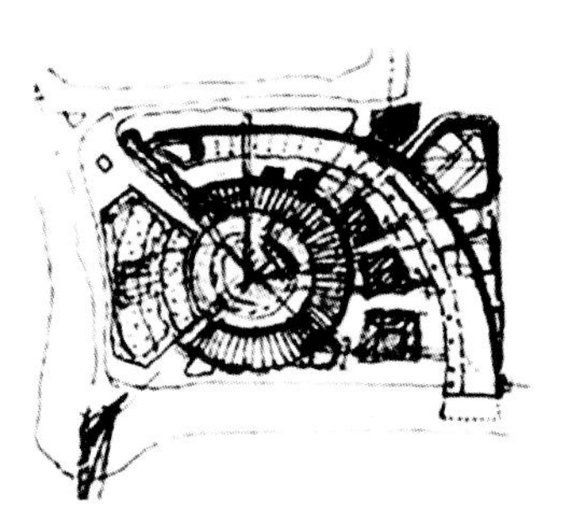

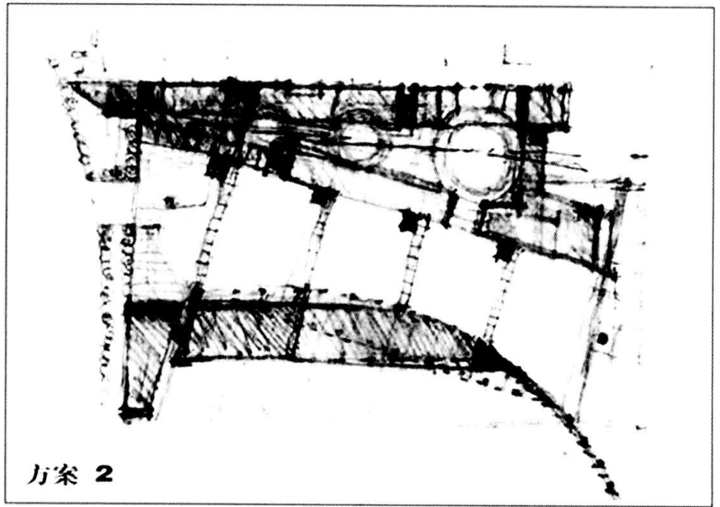
方案 2

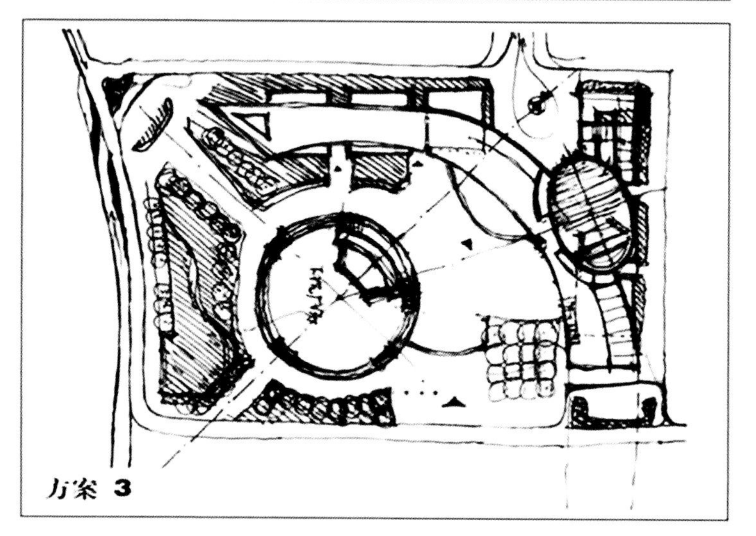
方案 3

2.电脑虚拟模型

近几年，大量电脑三维软件的出现使制作电脑模型更加方便和快捷。设计师可以快速地在电脑屏幕上观察到建筑的虚拟形式和虚拟空间，为我们的设计工作增加了更多和更加灵活的技术手段。没有人会怀疑建筑的数字化设计必将成为未来设计的发展趋势。但是有一点是可以肯定的，那就是不论三维软件如何发展，只要以二维平面介质作为依托来虚拟三维空间效果，就永远无法取代实体模型所带来的真实的空间表现力。电脑模型的弱点就是缺乏真实的体积和尺度，这就是为什么不管图片上的设计图多么精美，都会与实际建筑带来的感受相去甚远。所以不管电脑软件如何发展如何广泛应用，我们都不应该轻易放弃动手制作实体模型的工作习惯。因为到目前为止，在一座建筑物尚未建成之前，借助实体模型来对方案进行推敲和把握，仍然是设计师的首选之举，因为它最接近真实。

3.草模

模型空间研究就是在平面和立体之间构筑起的一座桥梁。通过模型，可以把二维平面的设想变成三维空间的实现，从而完成从二维平面到三维空间的转变，完善空间研究。模型空间研究方法在学习设计入门阶段，被认为是解决从平面思维向立体空间思维过渡的最有效的方法，它有利于帮助学生确立正确的空间思维分析方法，更加直观地构建空间概念，理解空间的性质、空间的分割、空间场的限定，空间的体量感等空间现象，为学生快速掌握空间语言提供方便。对模型的严谨推敲是学生对空间创造和理解不断成熟和深入的必经之路，学生在亲自动手制作模型这一过程中，加上教师的引导，可以更好地培养分析问题、探究问题、解决问题的能力。

草模是设计初期设计者根据设计创意，在构思草图基础上制作的能表达设计形态基本体面关系的模型。草模多采用易加工成型、易于组合又易于改变的材料，且材料种类多样，不拘一格，可以是生活中信手拈来的常见材料，如纸板、吹塑纸板、泡沫塑料、黏土等。每个人都通过观察、接触、移动、加工材料，在一个具体物品上外化他们的思维活动过程。思维外化的一个最古老的例子就是中国玩具——七巧板，它是一种用于外化思维的二维工具。操作七巧板是一种发散思维活动，有利于培养人们的观察力、注意力、想象力和创造力，在用七巧板构造各种图形时，应体会到，移动卡板的过程表现了我们思维的过程。

波尔多建筑学院一年级学生草模——场地与建筑之间关系的推敲模型

草模对于学生设计过程有着便于建立学生产品空间感、便于细节的确定、便于功能试验和便于制作的作用。合理地利用好草模制作过程能帮助学生有效地将理念转化为实体，能够提供给学生思维物化的过程，也能帮助学生将一些不太成熟的设计得更加严谨化、科学化，并且为学生提供了再设计的过程。

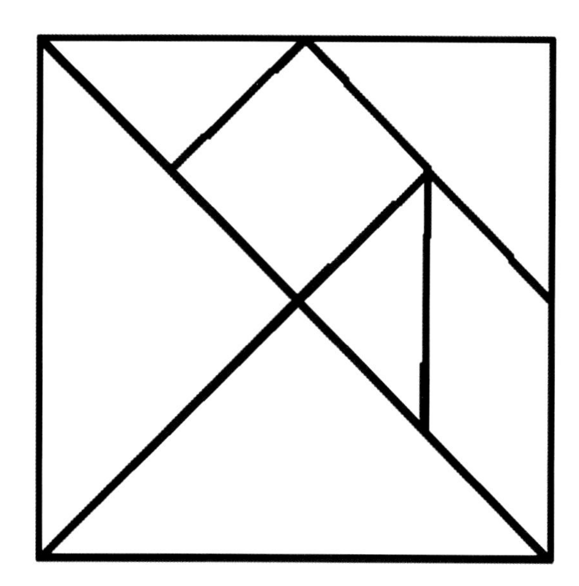

七巧板

七巧板拼图

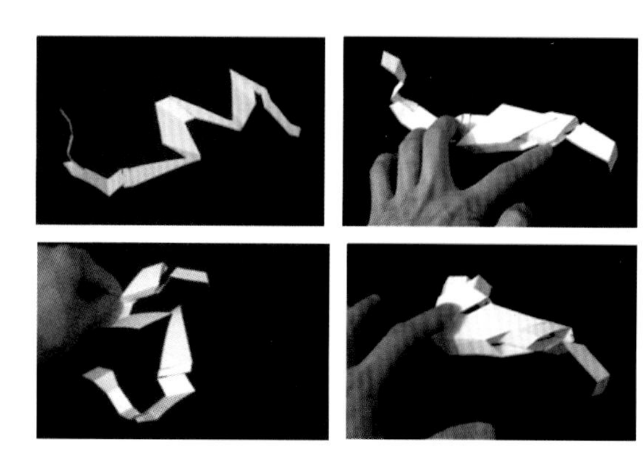

图中即为以折纸外化思维的表达形式，在折、叠、卷、曲、拉、圈、打结等动手操作过程中形成多种可能性的空间形态，围合、半围合及开敞的空间，通过建筑材料对草模的再实现就形成了公园内休闲茶座这样的功能空间临时性建筑。

4. 以折纸外化思维的设计

折纸艺术是一种古老的艺术，在日本，折纸能窥见日本人的创造力和智慧。日本也是全世界最爱折纸的国家，也是折纸艺术家最多的国家。

之后，在折纸艺术概念的基础上，设计师们尝试包括在建筑、家具、产品、服装等，特别是现在的折纸已经成为建筑空间设计方面的一个趋势。

例如，隈研吾设计的日本“折面”九州芸文馆。

隈研吾设计的日本“折面”九州芸文馆

受到日本传统艺术“折纸”的启发，众多折叠面形成了建筑内部的庭院和通道，还围合出了用于创作、展览艺术文化作品的室内空间。

例如，英国的折叠金属售货亭。

英国的折叠金属售货亭
伦敦Make建筑事务所设计的这个可移动预制售货亭，亭子采用折叠铝壳，可以像纸质折扇一样开合。灵感来自日式折纸，不同的是采用了金属材料，创造出紧凑坚固的结构，容纳街头售货摊。

它的前门可像折叠扇一样伸缩自如，同时起到遮风挡雨的效果，要比那些老旧的卷帘门加挡风板式报亭更有当代范儿，更能吸引年轻人前来围观。

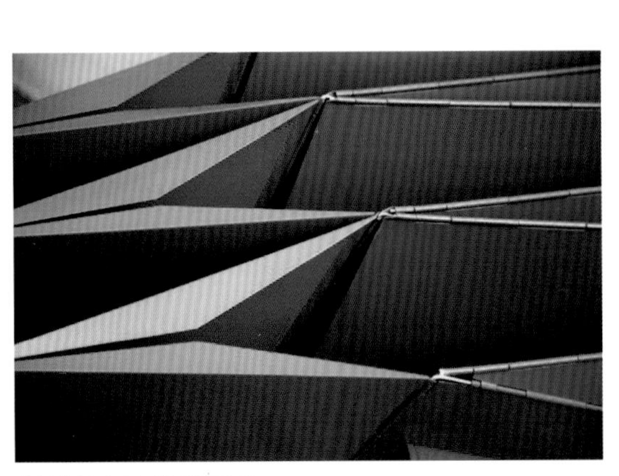

英国的折叠金属售货亭结构

例如，打破常规的Assemble工作室空间设计。

Assemble工作室空间天花设计

位于墨尔本的建筑设计工作室Assemble打破“盒子”一样的工作空间，最抢眼的当属木制的天花板设计。是从折纸模型中得到灵感，由松木板条拼成三角形的单元体，通过重复构成的方式覆盖在原有的天花板上。

例如，优雅的巴黎折纸办公楼。

建筑师Manuelle Gautrand折纸办公楼的双层玻璃的窗户以“折纸”的方式呈现，突出了褶皱形大理石花纹，让原本厚重的大理石如折纸般轻盈简单，试图在城市肌理中塑造一个独特的、优雅的标志性建筑。

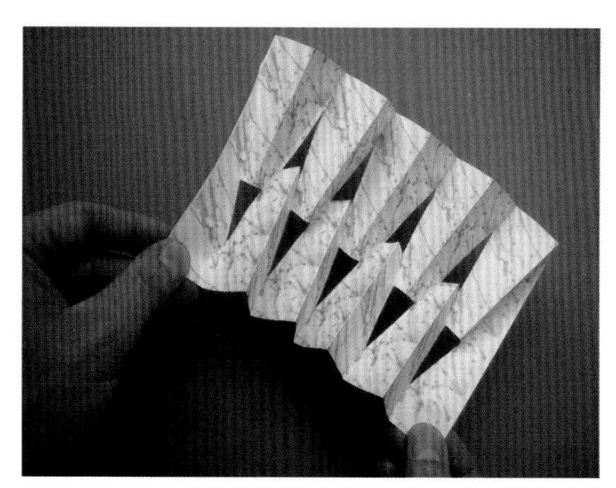

创意来源于生活折纸

二、构绘交流

1.抽象绘图语言和具体绘图语言

当人们用图画来表达想法时，会根据思考对象的不同用到抽象绘图语言和具体绘图语言。如果图画要表达某种意图，示意某种区别，或探索事物之间的关系，那么就是抽象绘图语言；如果图画试图表达的是一种可以被视觉感受到的形象，那么就是具体的绘图语言。

不同的绘图语言需要不同程度的绘画技巧，越接近视觉真实的绘图语言越难以操作。下图是姜文在拍摄《洗澡》时，导演脚本中的一页。很难想象有视觉冲击力的画面在导演的计划中只是这样一堆图画和文字。设计师也如导演，他们所要创造的真实并不体现在图画上，导演的作品最终呈现在银幕上，设计师的作品是呈现在人们的生活中。运用绘图语言的目的是辅助思维、表达设想。

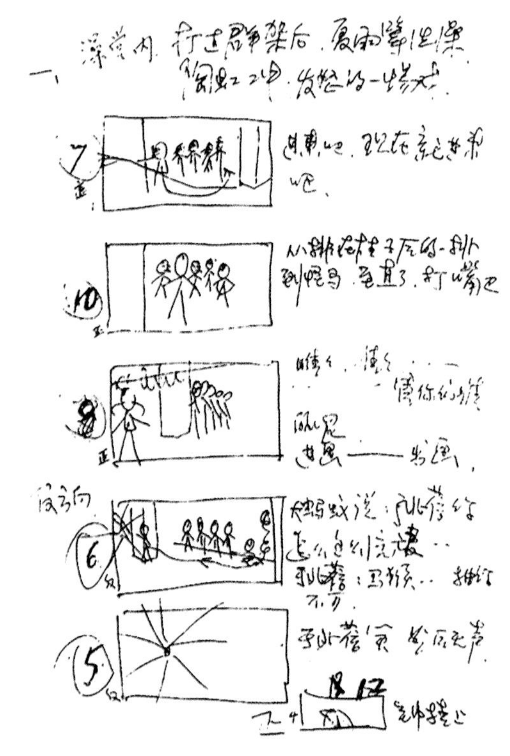

姜文在拍摄《洗澡》时，导演脚本中的一页

2.与自己交流，与他人交流

(1) 与自己交流

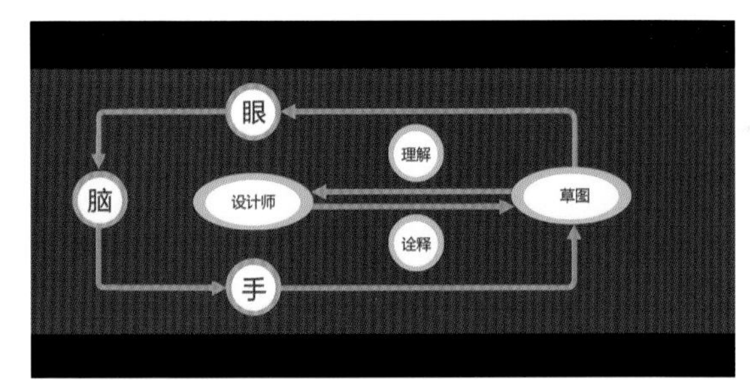

图解思维模型

构绘过程是设计师与草图、模型交流以达到设计目的的思维方式。下图为典型的构绘过程解析，在这个过程中，草图、模型不仅是设计师表达想法的工具，更重要的是，草图、模型是设计思维的媒介，设计师通过草图、模型与自己交流，尤其是在概念草图、草模阶段，设计师眼、手、脑通力合作，并行加工解决问题，这种绘图、观察、修改的循环就像设计师自己跟自己开会。

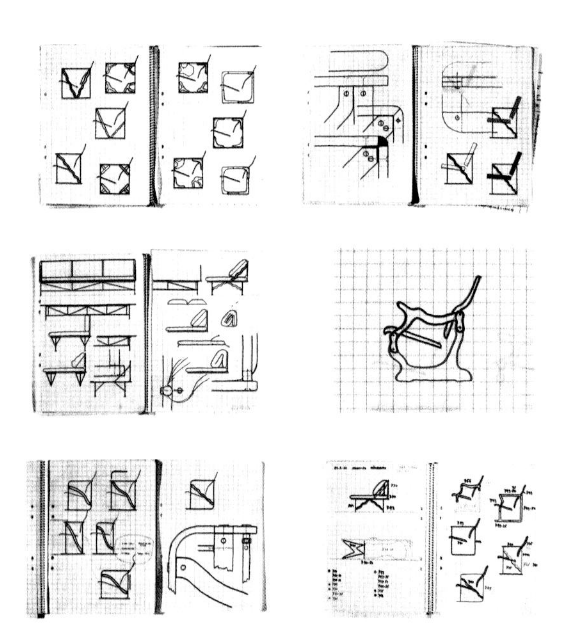

库卡波罗实验椅草图

（2）与他人交流

设计团队（多设计师）的草图交流分为交换式和共享式两种。交换式指团队设计中，设计师在限定时间内完成一定的草图，然后相互交换图纸，后面的设计师以同伴的想法为原想法进行再设计。一个设计师将不完整的草图传给他旁边的设计师，一段时间之后，这个设计师又将图纸继续往下传。共享式是指团队设计过程中，设计师把不完整的草图放在共享池中，另外的设计师选取共享池中的方案进行再设计。共享池可以选用桌子中央或墙上，大家都能随意取阅并将自己的图纸放入即可。每个设计师都将自己的草图放进共享池，并从中提取出其他设计师的草图进行再设计。

弗兰克盖里的草图

三、构想的回路：表达—检验—循环

1.循环的过程

所有的思维工具，语言、符号和图画的作用都是帮助思考者把想法表达出来，这样他可以从客观的角度清楚地看待自己的想法，并且能够根据自己的目标来评价它，从而可以改进和完善它，当再次借助语言和符号时，表达的想法就增进了一步。这样就形成了思维的回路，如此反复就形成了思维的循环。在思维的循环中，想法不断地得到发展，直到实现目标为止。

当运用视觉思维解决设计问题时，思维同样要经历从表达到检验再到表达的循环过程。室内设计要解决方方面面的问题，有意识地按照思维发展的客观规律去做，将问题纳入思维的循环中去解决，才能找到解决问题的最佳途径。

2.评价

评价是自我审视的重要环节，通过评价发现有价值的设想，发现各个设想有价值的部分，并寻找不足，进而明确下一步的构想目标。评价要真正地起作用，应当在适当的时机进行，并且要恰当地运用一些评价方法。

不要在一个想法刚刚表达出来，或在表达同时就进行评价，更不要在想法还没有表达出来的时候就认定它的好坏。这种想法的产生往往是下意识的，要学会控制它的出现。对一个设想的评价，总是来源于对问题的认识，而人们在理解问题时，尤其是对室内设计这样的综合性问题，又总是随着探求解决方法的过程而一步步地深入和明朗的。评价的标准也是在这个过程中才逐渐地全面而客观起来。

参考文献 >>

[1] 来增祥，陆震纬.室内设计原理[M].中国建筑工业出版社，1996.

[2] 贝蒂·艾德华.张索娃译.像艺术家一样思考[M].海南出版社，2003.

[3] 日本室内装饰手法编辑委员会编.孙逸增，汪丽芬译.室内装饰手法[M].辽宁科学技术出版社，2000.

[4] 香港室内设计协会编.唐於斯，王凯译.2002亚太室内设计大奖赛作品选[M].辽宁科学技术出版社，2003.

[5] 张同，朱曦.创意表达[M].东方出版中心，2004.

[6] 鲁道夫·阿恩海姆.滕守尧译.视觉思维——审美直觉心理学[M].四川人民出版社，1998.

[7] 辛华泉.形态构成学[M].中国美术学院出版社，1996.

[8] 《室内设计与装修》《建筑技术及设计》《世界建筑》杂志

[9] Crowe，M./Laseall，P. 吴宇江，刘晓明译.建筑师与设计师视觉笔记[M].中国建筑工业出版社，1999.

[10] Dan Kiley and Jane Amidom. Dan Kiley in His Own Words：America' s Master Landscape Architec.THAMES AND HUDSON,1998：8.

[11] Charles W Moore,William J.Mitchell，William Turnbull,Jr. The Poetics of Gardens. The MIT Press,1988:41:Lending Life.

[12] [日]安藤忠雄.白林译.安藤忠雄论建筑[M].中国建筑工业出版社，2003：9.

[13] [意大利]布鲁诺·赛维.张似赞译.建筑空间论[M].中国建筑工业出版社,1974：13—15,23—29.